Charles Adolphe Wurtz, Alphons Oppenheim

Geschichte der chemischen Theorien

seit Lavoisier bis auf unsere Zeit.

Charles Adolphe Wurtz, Alphons Oppenheim

Geschichte der chemischen Theorien
seit Lavoisier bis auf unsere Zeit.

ISBN/EAN: 9783743658790

Hergestellt in Europa, USA, Kanada, Australien, Japan

Cover: Foto ©berggeist007 / pixelio.de

Weitere Bücher finden Sie auf **www.hansebooks.com**

GESCHICHTE

DER

CHEMISCHEN THEORIEN

SEIT LAVOISIER BIS AUF UNSERE ZEIT

VON

AD. WURTZ

DECAN UND PROFESSOR DER CHEMIE AN DER MEDICINISCHEN FACULTÄT ZU PARIS
MITGLIEDE DER AKADEMIEN ZU PARIS UND BERLIN, DER ROYAL SOCIETY U. S. W.

DEUTSCH HERAUSGEGEBEN

VON

ALPHONS OPPENHEIM

DR. PHIL. PRIVATDOCENTEN AN DER UNIVERSITÄT BERLIN.

BERLIN,

VERLAG VON ROBERT OPPENHEIM.

1870.

VORWORT.

Die Schrift, welche hiermit in deutscher Sprache dem Publikum dargeboten wird, erschien zuerst 1868 als Einleitung in das von dem Verfasser herausgegebene *Dictionnaire de Chimie* und später in Frankreich und in England auch in gesonderter Form und in wiederholten Abdrücken. Sie hat sich die Aufgabe gestellt, die vorzüglichsten Entwicklungsmomente der chemischen Theorien in geschichtlicher Form kurz und allgemein verständlich darzustellen.

An einer so faßlichen und gedrängten Darstellung fehlt es der deutschen Literatur bisher, und die individuelle Anschauung eines grofsen Naturforschers giebt dem Buche besonderen Reiz. Dafs nicht alles darin erwähnt werden konnte, was die Geschichte der Theorien angeht, hat zu Klagen geführt, und der erste Satz des Werkes begründet, dafs sich eine gewisse nationale Empfindlichkeit zu diesen Klagen hinzugesellt hat. Einen Angriff[1]) dieser Art hat der Verfasser in einer Erklärung beantwortet,[2]) die hier Platz finden möge:

„Der angegriffene Satz hat zu einem Mifsverständnisse „Veranlassung gegeben, das aufhören mufs. Indem ich „Lavoisier als den wahren Urheber der wissenschaftlichen

---

[1]) R. Fittig im *Bulletin de la Société Chimique de Paris* 1869, Bd. I. pag. 276.

[2]) Ebendaselbst, pag. 277.

„Chemie ansehe, habe ich ausdrücken wollen, dafs diese
„Wissenschaft französischen Ursprungs, dafs sie in Frank-
„reich geboren ist. Diese Auffassung konnte am Anfang
„einer geschichtlichen Auseinandersetzung wohl ihren
„Platz finden. Denn da die Wissenschaft in der That
„allen civilisirten Völkern angehört, ist es nicht mehr
„als billig, dafs die Geschichte unparteiisch entscheide,
„welchen Antheil jede Nation an derselben genommen
„hat. Von dieser Unparteilichkeit glaube ich nicht ab-
„gewichen zu sein. Die Gelehrten, welche an dem Fort-
„schritt der chemischen Theorien mitgearbeitet haben,
„finden sich ohne Unterschied der Nationalität auf jeder
„Seite citirt, und wenn berühmte Namen, wie Mitscher-
„lich, Kolbe, Hofmann, Graham, Frankland nicht öfter
„vorkommen, so möge man bedenken, dafs ich nicht eine
„Geschichte der Chemie, sondern eine kurze historische
„Darstellung ihrer Theorien habe schreiben wollen. Ich
„erlaube mir noch hinzuzufügen, dafs die obige Erklä-
„rung jenes Satzes: „„Die Chemie ist eine französische
„Wissenschaft"", nicht nur aus dem folgenden Satze:
„„Sie wurde von Lavoisier begründet, dessen Anden-
„ken unsterblich ist"", sondern auch aus dem gan-
„zen Ton und Inhalt meiner Darlegung klar hervor-
„geht. Uebrigens erkenne ich an, dafs die literarische
„Form, in die ich diesen Gedanken gekleidet habe,
„Empfindlichkeit hervorrufen konnte, und ich bedaure es.
„Denn niemand kann die deutsche Wissenschaft höher
„stellen als ich. Niemand ist mehr bemüht gewesen, sie
„in Frankreich zu verbreiten; und wenn der Chemiker,
„welcher mich heute angreift, verdiente Anerkennung bei
„uns gefunden hat, so ist das zum Theil den Ueber-

„setzungen und Auszügen zuzuschreiben, welche ich von
„der Mehrzahl seiner Arbeiten gegeben habe."

Im Sinne dieser Erklärung ist der Eingangssatz
deutsch so ausgedrückt worden, dafs sein eigentlicher
Inhalt unverfänglich hervortritt. In demselben Sinne
ist auf Aufforderung des Verfassers Kekulé's Einflufs auf
die Erkenntnifs der Atomigkeit des Schwefels in einer
Note (pag. 125) bemerkt und Kolbe's Hinweis auf die
secundären Alkohole in einem Zusatze am Ende des Schrift-
chěns hervorgehoben worden, für den die Verantwortlich-
keit übrigens auf den Herausgeber fällt. In allem Anderen
bemüht sich die Uebersetzung einfach das Original wiederzugeben. Ein Theil derselben ist aus der Mitarbeit
meines Freundes, Herrn Dr. E. Wohlwill, hervorgegangen.

Diese Bemerkungen würden als Vorwort genügen,
wenn nicht eine Kritik im literarischen Centralblatt (1869
pag. 291 ff.) den betreffenden Satz der französischen
Ausgabe in einer Weise bespräche, die Untersuchung
verlangt. In einem durchaus ruhig gehaltenen Aufsatz,
der mit den Anfangsbuchstaben Kr. eines wohlbekann-
ten Chemikers unterzeichnet ist, finden sich einzelne
Sätze, die mit jener Ruhe so wenig in Einklang stehn,
dafs sie den Verdacht herausforderten, sie möchten von
fremder Hand eingefügt sein. Eine nähere Nachfor-
schung bestätigte diesen Verdacht in vollem Mafse.
Die Sätze der Kritik: „Wurtz beginnt seine Geschichte
der Ideen in der Chemie mit dem Satze: *La Chimie est
une science française.* Dieser marktschreierische
Trumpf bezeichnet schon genügend den Drehpunkt
und das Ziel seiner Darlegungen" lauteten in Kr.'s
Manuscript folgendermaßen: „Wurtz beginnt seine Dar-

stellung der Entwicklung der Ideen in der Chemie mit
dem Satze: *La Chimie est une science française*, und
bezeichnet damit sehr treffend den Drehpunkt seiner
Darlegung". Kein Widerspruch des Kritikers hat ihn
gegen diese Entstellung seines geistigen Eigenthums
von einem der Chemie völlig fern stehenden Redacteur
schützen können. Die mildeste Erklärung einer solchen
Handlungsweise muſs dieselbe auf eine Art von Chau-
vinismus, von furor teutonicus, zurückführen, welche
Wissen und Gewissen gefangen nimmt.

An die Stelle der Ueberschätzung des Auslandes ist
seit Lessing nicht selten der entgegengesetzte Fehler
getreten. Während jede auch unbeabsichtigte Kränkung
deutscher Ansprüche uns in gerechten Eifer versetzt,
haben nur zu häufig vom Auslande ausgehende Theorien
und wissenschaftliche Anrechte in Deutschland eine übel
angewandte nationale Opposition gefunden. Gerade so wie
die elektrochemische Hypothese hier um so hartnäckiger
festgehalten worden ist, weil sie von jenseits des Rheines
aus bekämpft wurde, hat man 60 Jahre früher die Leiche
des Phlogiston mit falsch verstandenem Patriotismus
künstlich zu beleben versucht. Bekannt ist das Urtheil
Wiegleb's: „Die französischen Chemiker lieſsen sich ein-
„fallen, eine ganz neue chemische Kunstsprache zu ent-
„werfen. Allein sie hat selbst in Frankreich keinen
„Beifall gefunden; von den Ausländern ist sie aber mit
„Einer Stimme verworfen worden." „„Wiegleb irrte
sich,"" fügt Kopp diesem Citate hinzu (Geschichte der
Chemie, Bd. II. pag. 419) und an einer anderen Stelle:
„„Ein gewisses nationales Gefühl .... lieſs zudem die
deutschen Chemiker sich sträuben, Stahl's, ihres Lands-

mannes, System gegen die moderne „*Chimie française*"
zu vertauschen"". (Bd. 1. pag. 345.)

Machte man früher der exacten Chemie einen Vor-
wurf daraus, französischen Ursprungs zu sein, warum
sollte es heute Lavoisier's Landsleuten verargt werden,
stolz dieses Ursprungs zu gedenken?

Der Begründer der wissenschaftlichen Chemie ist
Derjenige, welcher das Princip der Unzerstörbarkeit der
Materie zuerst bewiesen und zur grofsartigen Anwendung gebracht hat, und wenn eine neuere Schrift[1]) die
Möglichkeit behauptet, spätere Jahrhunderte möchten
dieses Princip wieder verwerfen, so liegt doch noch
nicht der allergeringste Grund vor, zu glauben, dafs
diese Möglichkeit jemals zur Wahrheit werde.

Allerdings giebt es noch deutsche Chemiker, welche
den Einflufs Lavoisier's auf die Begründung der exacten
Chemie nicht höher anschlagen, als den seiner Vorgänger
Scheele, Black, Priestley, Cavendish, ja selbst Stahl's,
und diese stützen sich auf einen Ausspruch Liebig's im
Anfang des dritten seiner Chemischen Briefe.

Anders urtheilen die Engländer. Sir Humphry Davy,
dessen Competenz niemand bestreiten wird, denkt in
dieser Frage folgendermafsen[2]): „Die Chemie hat erst
„mit den Arbeiten Lavoisier's eine philosophische Form
„angenommen. Das Princip, welches dieser grofse Mann
„zur Grundlage der Wissenschaft gemacht hat, war,
„keinen Körper als zusammengesetzt gelten zu lassen,
„dessen Elemente man nicht erhalten hatte."

---

[1]) Ladenburg, Entwickelungsgeschichte der Chemie, pag. 16.
[2]) *Fragmentary remains of Sir Humphry Davy, edited by his bro-
ther John Davy.* London, Churchill 1858, pag. 202.

Noch deutlicher redet Englands Polyhistor, Philosoph und Historiker James Buckle in seiner berühmten Geschichte der Civilisation[1]): „Dafs wir Frankreich die „Existenz der Chemie als Wissenschaft ver- „danken, mufs von Jedem zugestanden werden, „welcher das Wort Wissenschaft in dem Sinne auffafst, „welcher ihm allein zukommt, nämlich als ein Ganzes „von allgemeinen Begriffen, so unwiderleglich wahr, dafs „sie zwar später von höheren Begriffen eingeschlossen „werden, aber nicht umgestürzt werden können, mit an- „deren Worten, Begriffen, die absorptionsfähig, aber „nicht widerlegbar sind. . . . . . . Bis Lavoisier in die „Schranken trat, gab es keine allgemeinen Ideen, welche „umfassend genug gewesen wären, der Chemie Anrecht „auf den Namen einer Wissenschaft zu geben, oder um „genauer zu reden: die einzige allgemeine Idee, die da- „mals angenommen wurde, war die von Stahl, welche „der grofse Franzose nicht nur als unvollkommen, son- „dern als völlig unrichtig nachwies."

Auch für Deutschland wird die Zeit kommen, wo es nach langsamer Vollendung seiner politischen Umgestaltung die Verdienste heute glücklicherer Völker vorurtheilsfrei würdigen wird.

Dieser Schrift wird es zweifelsohne schon jetzt nicht an Lesern fehlen, die aus ihr Belehrung und unbefangene Freude schöpfen.

Berlin, im December 1869.

A. Oppenheim.

---

[1]) Englische Ausgabe. London Longmans 1867. Bd. II. pag. 366 und 367.

Die Chemie, als Wissenschaft, ist durch die unsterblichen Arbeiten Lavoisier's begründet worden. Jahrhunderte lang war sie nichts gewesen als eine Sammlung dunkler, häufig trügerischer Recepte für den Gebrauch der Alchemisten und später der Jatrochemiker. Vergebens hatte ein grofser Geist, Georg Ernst Stahl, im Anfang des 18. Jahrhunderts ihr eine wissenschaftliche Grundlage zu geben versucht. Sein System konnte den Thatsachen und der mächtigen Kritik Lavoisier's keinen Widerstand leisten.

Lavoisier's Wirksamkeit ist complicirter Natur: er war der Entdecker einer neuen Theorie und der Schöpfer der wahren chemischen Methode, und zwar gab die Vortrefflichkeit der Methode seiner Theorie Schwingen. Aus einer strengen Beobachtung der Verbrennungserscheinungen hervorgegangen, hat die letztere sich über alle wichtigen Thatsachen ausbreiten können, welche zu jener Zeit bekannt waren. Durch die Richtigkeit ihrer Anschauungen und die Tragweite ihrer Erfolge entwickelte sie sich zu einem System. Nach funfzehnjährigem Kampf feierte sie einen glänzenden Sieg, und länger als ein halbes Jahrhundert blieb sie unangegriffen. Dem Meister folgten grofse Schüler nach, um sein Werk zu befestigen und zu entwickeln. Dennoch war ein Theil der Wissenschaft ihren Arbeiten und dem System fremd geblieben, welches sich vorzugsweise mit den unorganischen Verbindungen beschäftigte. Die organische Chemie beschränkte sich damals auf die qualitative Beschreibung vegetabilischer

und thierischer Extractivstoffe. Allerdings hatte der Ent-
deckungstrieb kostbare Materialien angesammelt, aber die
Wissenschaft, welche in deren Zusammenordnung besteht, war
noch nicht geboren. Noch fehlten für eine solche Ordnung
die Elemente, die nur das Studium der Metamorphosen der
organischen Verbindungen liefern konnte. Die atomistische
Constitution dieser Verbindungen zu erkennen, durch sie ihre
Eigenschaften zu erklären und ihre gegenseitigen Beziehungen
festzustellen, das ist der Zweck der organischen Chemie. Die
Natur und die Anzahl der Atome zu bestimmen, aus welchen
sie bestehen, ihre Bildungsweisen, ihre Umwandlungen zu studiren, das sind die Mittel, über welche diese Wissenschaft gebietet.

Diese grofse Arbeit begann thatsächlich erst gegen 1830,
und seit jener Zeit ward sie mit Kraft und Erfolg fortgesetzt.
Sie ist noch unvollendet. Wie viele Thatsachen sind nicht in
diesem langen Zeitraum angesammelt worden! Kein Gedächtnifs reicht aus, sie heute zu umfassen, und man kann ohne
Uebertreibung sagen, dafs die Schätze der Wissenschaft seit
Lavoisier um das Hundertfache vermehrt sind. Der Rahmen,
in welchem sein Genius das System eingeschlossen hatte, ist
darum zu eng geworden. Ein erweiterter Horizont eröffnete
neue Aussichten. Kein Wunder, dafs die Theorien, welche
dem Studium der organischen Verbindungen entsprangen und
zuerst auf deren Gebiet beschränkt blieben, einen neuen Aufschwung nahmen und versuchten, die Grenze zu überschreiten,
welche die organische Chemie von der Mineralchemie trennte.
Diese Grenze ist in der That überschritten. Die heutigen
Theorien umfassen das ganze Feld der Wissenschaft, und
dank ihnen können wir mit Recht sagen, dafs es nur eine
einzige Chemie giebt.

Ein solches Resultat ist weder das Werk eines Tages,
noch die Errungenschaft einer Revolution: es ist die Frucht
langsamen und beständigen Fortschreitens. Aber wenn wir
die durchlaufene Bahn auf einen Augenblick vergessen und
nur auf den Ausgangspunkt zurücksehen, so müssen wir ge-
stehen, dafs der Fortschritt unermefslich ist. Im Vergleich mit

der Wissenschaft von damals erscheint die heutige Wissenschaft nicht nur erweitert, sondern verwandelt. verjüngt.

Sind ihre Theorien vollendet und die neuen Wege, auf
welchen sie unwiderstehlich voranschreitet. vollkommen ge-
ebnet? Schwerlich; aber die Größe des Fortschrittes erlaubt
uns, diese Wege für gut und richtig zu halten. Stehen wir
darum einen Augenblick still, um unsern Blick auf die durch-
messene Bahn zurückzulenken und mit Genugthuung den Punkt
ins Auge zu fassen, welcher erreicht ist.

LAVOISIER.

I.

Man hat Lavoisier's System das antiphlogistische genannt
im Gegensatz zu der berühmten Theorie, welche Stahl in den
letzten Jahren des 17. Jahrhunderts aufgestellt hatte, und die
unter dem Namen der „Phlogistontheorie" bekannt ist. Den
Keim derselben hatte dieser grofse Chemiker und Arzt in den
Schriften Becher's [1]) gefunden. Dafs die Metalle ein brennbares
Princip, „eine brennliche Erde" enthalten, das ist die Idee
dieses letzteren Gelehrten, der noch unter dem Einflusse der
Alchemisten steht, mit denen er eine gewisse Unstätigkeit
des inneren und äufseren Lebens gemein hat. Aber dieser
Einflufs war in der Abnahme begriffen, und die Ausdrucksweise Becher's konnte seinen Lehren nicht mehr zur Empfeh-
lung dienen. Sie gingen deshalb anfangs fast unbemerkt vor-
über. Um ihnen Glanz und Eingang zu verschaffen, bedurfte
es seines einflufsreichen Commentators Stahl. „Becheriana
sunt quae profero", behauptete dieser, obgleich die Idee zu
seiner eigenen ward. Er gab ihr einen klareren Ausdruck,
eine allgemeinere Form und bildete sie so zu einer Theorie
um [2]). Die brennliche Erde Becher's erhielt den Namen

---

[1]) Johann Joachim Becher ward 1635 in Speier geboren und
starb in England im Jahre 1682. Seine ersten Ideen über die Natur
der Metalle finden sich in den *Acta laboratorii chymici Monacensis seu
physica subterranea* 1669 und ausführlich in seinem letzten Werk:
Alphabetum minerale seu viginti quatuor theses chymicae 1682.

[2]) Georg Ernst Stahl, geboren zu Anspach 1660, starb 1734 als
Leibarzt des Königs von Preufsen. Die älteste seiner chemischen

Phlogiston. Dasselbe war nach Stahl ein feines Princip, welches in den Metallen und im allgemeinen in allen verbrennlichen Körpern enthalten ist und durch ihre Verbrennung oder Verkalkung verloren geht. Durch Erhitzen eines Metalles an der Luft verliert es sein Phlogiston und geht in ein glanzloses Pulver, einen Metallkalk, über. Der Hammerschlag, welcher Funken sprühend von dem glühenden Eisen abspringt, ist dephlogistisirtes Eisen. Das gelbe Pulver, die Glätte, welches sich durch lange fortgesetzte Calcination des Bleis bildet, ist Blei, welches seines Phlogistons beraubt ist. Unverbrennliche Körper sind dieses Princips bar; entflammbare Körper sind besonders reich daran. Die Feuererscheinung ist nichts als eine kräftige Phlogiston-Entwicklung. Unter dem Einfluß des Feuers zersetzt sich ein Körper, und was nach der Verbrennung zurückbleibt, war zuvor eines der Elemente des brennbaren Körpers. So sind die Aschen der Metalle, oder die Metallkalke, in den Metallen selbst mit Phlogiston verbunden enthalten. Man kann ihnen das letztere zurückgeben, indem man sie mit Substanzen erhitzt, die, wie Kohle, Holz oder Oel, sehr reich an Phlogiston sind. Wenn man Glätte mit Kohlenpulver erhitzt, so regenerirt man metallisches Blei, weil das Phlogiston der Kohle entzogen und auf die Glätte übertragen wird, um mit der letzteren aufs neue Blei zu bilden.

Der Triumph einer Theorie besteht darin, möglichst zahlreiche und verschiedenartige Thatsachen zu umfassen. Die vorliegende fand mit gleichem Erfolge auf zwei Klassen entgegengesetzter Erscheinungen ihre Anwendung und stellte eine theoretische Verbindung zwischen ihnen her. Sie brachte die Verbrennungserscheinungen mit der Calcination der Metalle

---

Schriften, *Zymotechnia fundamentalis etc.*, vom Jahre 1697 enthält die Ideen Becher's und die Begründung der Phlogistontheorie. Nachdem er 1701 Becher's *Physica subterranea* neu herausgegeben hatte, entwickelte er seine Ideen besonders in den folgenden Werken: *Specimen Becherianum, fundamenta, documenta et experimenta sistens; Experimenta, observationes, animadversiones, CCC numero, chymicae et physicae* (1731).

an der Luft und mit ihrer Umwandlung in Metallkalke in
Verbindung, erklärte beides und gab aufserdem eine einfache
Auslegung der Reductions-Erscheinungen, die das Umgekehrte
der ersteren sind.

Welche Rolle spielt aber die Luft bei der Verbrennung?
Ueber diesen Punkt schwieg die Theorie, und doch war die
Beobachtung ihr voraus und hatte seit lange die Wichtigkeit
dieser Rolle vorempfinden lassen. Jean Rey, Arzt in Périgord,
hatte dieselbe bereits seit 1630 beobachtet. Der erste Präsident
der Royal society in London und gleichzeitig der erste wahre
Chemiker, Robert Boyle, hatte die Thatsache, welche schon
Rey bekannt war, bestätigt, dafs die Metalle durch ihre Calcination an der Luft an Gewicht zunehmen. Er fügte die
wichtige Beobachtung hinzu, dafs die Umwandlung von Blei
in Glätte in einem abgeschlossenen Volumen Luft dieses Volumen vermindert. Er sah ein, dafs die Luft ein Princip enthält, welches bei der Athmung und Verbrennung verzehrt
wird. Sein Zeitgenosse und Landsmann, der Arzt John Mayow,
hatte seit 1669 vermuthet, dafs die Luft nicht aus einer einzigen Substanz besteht, sondern Theilchen enthält, welche
geeigneter sind als der Rest, um die Verbrennung zu unterhalten, und dafs diese Theilchen *(Particulae nitro-aëreae)*
welche die brennenden Körper der Luft entziehen, auch von
dem Blut in den Lungen absorbirt werden.

Aber alle diese Beobachtungen waren für die Theorie
unfruchtbar geblieben. Man kümmerte sich um dieselben
nicht oder schob sie mit oberflächlichen und irrigen Erklärungen bei Seite. Die Gewichtszunahme der Metalle durch
die Calcination schob Robert Boyle auf die Absorption von
Wärme. Stahl selbst kannte sie und erwähnte sie, ohne sie
zu erklären. Er betrachtete sie als gleichgültiges Beiwerk.

Zu dieser Zeit bekümmerten sich die Chemiker einzig
und allein um den äufseren Anschein der Thatsachen und
beschränkten sich darauf, die qualitative Seite der Erscheinungen zu beschreiben. Das Studium der quantitativen Verhältnisse, die in den chemischen Reactionen hervortreten, wurde

vernachlässigt, als wäre es für die Theorie ein unnützer Luxus, oder blieb doch für diese verloren.

II.

Eine neue Aera beginnt mit Lavoisier. Die Thatsachen, welche sich auf die Gewichtszunahme der Metalle während der Verbrennung beziehen, sind von ihm bestätigt, durch eine Reihe entscheidender Versuche vermehrt und durch eine glänzende Beweisführung aufgeklärt worden, so dafs sie in seinen Händen nicht nur zu einer Waffe gegen die Phlogistontheorie, sondern auch zum Grundstein eines neuen Systems wurden. Die Verbrennung ist keine Zersetzung, sondern eine Verbindung, welche vor sich geht, indem ein gewisses Element der Luft von dem brennbaren Körper fixirt wird. Dieser nimmt an Gewicht zu, indem er verbrennt, und die Gewichtszunahme ist genau dem Gewicht des hinzugetretenen gasförmigen Körpers gleich.

Als Priestley das Gas, welches vor allen andern fähig ist, die Verbrennung zu unterhalten, im Jahre 1774 entdeckte, erhielt diese Theorie eine neue Stütze. Lavoisier zeigte, dafs Priestley's Gas eines der Elemente der Luft ist, und nannte es Oxygène (Sauerstoff). Von jetzt an war die Rolle der Luft während der Verbrennung klar. Vergebens versuchten die letzten Vertheidiger des Phlogistons: Cavendish, Priestley, Scheele selbst, die Theorie Stahl's zu retten, indem sie dieselbe modificirten und behaupteten, die Rolle der Luft bestehe darin, brennbaren Körpern das Phlogiston zu entziehen. Priestley behauptete, ein Gas sei um so geeigneter, die Verbrennung zu unterhalten, je weniger Phlogiston es selbst enthalte; die Luft enthalte sehr wenig; das Gas, welches besonders geeignet ist, die Verbrennung zu unterhalten, enthalte gar keines; der andere Bestandtheil der Luft hingegen sei damit gesättigt und daher unfähig, die Verbrennung zu unterhalten. Diese Schlüsse, welche ein unverbrennliches Gas (den Stickstoff) für besonders reich an Phlogiston ausgaben, entstellten die Theorie, statt sie zu retten. Lavoisier besiegte sie mit einem unwiderleglichen Einwurf, welcher sich aus den Gewichtsverhältnissen ergab. Das Ganze, so sagte er, ist gröfser als seine Theile; da die Verbrennungsproducte mehr wiegen als der brennbare Körper, so können sie kein Bestandtheil des letzteren sein. Denn die chemischen Reactionen können weder vernichten noch schaffen; die Materie ist unzerstörbar. Wenn daher die Körper bei ihrer Verbrennung an Gewicht wachsen, so müssen sie einen neuen Stoff in sich aufnehmen. Wenn umgekehrt die Metallkalke, die Oxyde, in den metallischen Zustand zurück-geführt werden, so geschieht das nicht dadurch, dafs man ihnen das Phlogiston wiedergiebt, sondern dadurch, dafs sie den Sauerstoff verlieren, welcher in ihnen enthalten ist. Auf diese Weise stellte Lavoisier zuerst die Natur der Metalle fest und bestimmte allgemein den Begriff der Elemente. Er erkannte als solche die Körper an, aus denen man nur eine einzige Art von Materie ziehen kann, und die unter dem Einflusse der verschiedensten Einwirkungen unzerstörbar, unzersetzbar, immer dieselben bleiben. Indem er so einer grofsen Anzahl ele-mentarer Körper das Siegel einer bestimmten Individualität aufdrückte, reformirte er endgültig die alten Ideen über die Natur der einfachen Körper und begrub die Hoffnung auf ihre Verwandlung. Der Glaube an dieses Blendwerk von Jahrhun-derte langer Dauer, welchen die Anhänger der Phlogistontheorie weder ermuthigt noch zerstört hatten, mufste in der That so lange bestehen bleiben, als man die Metalle für zusammengesetzte Körper ansah. Die einfachen Körper, welche Lavoisier in der obigen Weise definirte, besitzen nach ihm die Fähigkeit, sich miteinander zu verbinden und zusammengesetzte Körper zu bilden, so dafs man in der Verbindung die ganze wägbare Materie der constituirenden Elemente wiederfindet. Diese grofsen Principien bilden die Grundlage der Chemie. Allgemein angenommen, erscheinen sie uns heute so einfach, so über jeden Widerspruch erhaben, dafs sie sich gleichsam als Axiome aufdrängen. Damals waren sie es nicht, und der dauernde Ruhm Lavoisier's besteht darin, sie ausgesprochen, besser gesagt,

sie bewiesen zu haben. Er that das in einer Reihe von Arbeiten,
welche durch die Idee, die in ihnen vorherrscht, eng mit
einander zusammenhängen und durch den Scharfsinn ihrer
Experimente, die Klarheit ihrer Darstellung und die Strenge
ihrer Beweise unvergänglich geworden sind. Und wenn
an Wichtigkeit irgend etwas mit den Entdeckungen des grofsen
Meisters wetteifern konnte, so war es seine Methode, welche
in der Anwendung der Wage auf alle chemischen Erscheinungen besteht und sein gehört, weil er sie zur Grundlage
der Wissenschaft gemacht hat. Cavendish. Bergmann. Marg-
graff hatten quantitative Analysen gemacht, aber Keiner von
ihnen hat daran gedacht, das Studium der Gewichtsverhältnisse für die Lösung von theoretischen Fragen zu verwenden.
Diese Idee und dieses Verdienst hat Lavoisier gehabt. Nur
die Methode, welche er eingeführt hat, ist in der Chemie anwendbar. Sie ist bis heute noch unersetzt, und wird schwerlich jemals durch eine andere verdrängt werden können.

Da er das Studium der Verbrennungserscheinungen zum
Ausgangspunkt seiner Theorie nahm, hat Lavoisier natürlich
dem Sauerstoff und dessen Verbindungen die gröfste Aufmerksamkeit geschenkt. Er hat die wichtige Rolle aufgedeckt,
welche diesem Gase bei der Bildung der Säuren, Oxyde und
Salze zukommt. Die Grundsätze, welche ihn bei dem Studium
dieser Verbindungen des Sauerstoffs, den wichtigsten von allen,
geleitet haben, liefsen sich leicht auf alle chemischen Verbindungen anwenden. So entstand eine allgemeine Theorie,
welche gegen 1775 den damals herrschenden Stahl'schen Ideen
gegenübertrat. Der Kampf war lebhaft, und Diejenigen, welche
nächst Lavoisier durch ihre Entdeckungen am meisten dazu beigetragen hatten, die Phlogistontheorie zu erschüttern, waren
schliefslich ihre hartnäckigsten Anhänger. Scheele starb 1786,
43 Jahr alt, wenn auch nicht von der Idee des Phlogistons
in dem Sinne, welchen Stahl damit verbunden hatte, fest über-
zeugt, so doch als energischer Vertheidiger des Wortes, abhängig von der Gewohnheit, welche die Welt beherrscht. Um
dieselbe Zeit, 1784, als die neue Lehre in Frankreich bereits

alle klaren Köpfe, Berthollet an ihrer Spitze, für sich ein-
genommen hatte, veröffentlichte Cavendish eine eingehende
Auseinandersetzung und sinnreiche Vertheidigung der Phlogistontheorie. Später gab er, ohne gerade beizustimmen, seinen
Widerspruch auf. Priestley liefs im Kampf niemals nach. Er
starb 1804 an den Quellen des Susquehannah in der neuen
Welt, wohin ihn sein unruhiger und widersprechender Geist
getrieben hatte. Lavoisier wurde zwar in der Kraft des
Mannesalters und inmitten der vollsten Thätigkeit hingerafft,
hatte aber dennoch die Genugthuung, welche so entschiedenen
Neuerern selten zu Theil wird, den Triumph seiner Ideen zu
erleben. Als das Fallbeil der Revolution 1794 sein Leben
zum Opfer forderte, war seine Theorie von der Mehrzahl der
Urtheilsfähigen angenommen, und die wenigen Gegner, welche
ihre Stimmen noch zu erheben wagten, konnten den Sturz einer
bereits verurtheilten Lehre nicht länger aufhalten.

III.

Nachdem wir auf den vorhergehenden Seiten das Werk
Lavoisier's mit breiten Strichen entworfen haben, wollen wir
uns jetzt einzelnen Details zuwenden und ausführen, wie seine
Lehre durch seine eigenen Entdeckungen und die seiner Nachfolger weiter entwickelt wurde.

Im Jahre 1772 übergab Lavoisier der Akademie eine
versiegelte Mittheilung. Er behandelte darin zum ersten Mal
die Gewichtszunahme der Metalle durch Calcination. Er
bewies gleichzeitig, dafs der Schwefel und der Phosphor an
Gewicht zunehmen, wenn sie an der Luft brennen, und dafs
diese Gewichtszunahme von der Absorption einer gewissen
Menge Luft herrührt. Er stellte endlich fest, dafs die Reduction
der Metallkalke Entwicklung von Luft veranlafst.

Mehrere dieser Versuche sind in einer Abhandlung vom
Jahre 1774 genau beschrieben. Indem er Zinn während län-

gerer Zeit in einem geschlossenen Gefäfse geschmolzen erhielt.
bemerkte er, wie vor ihm Boyle, eine Verminderung des Luft-
volumens. Aber tiefer und geschickter als sein Vorgänger, verstand er es, nachzuweisen, dafs die Gewichtszunahme des
Zinns genau dem Gewicht der Luft entspricht. die in das
Gefäfs eintritt, wenn man es erkalten läfst und öffnet. Auf
diese Weise bewies er, dafs das Zinn an Gewicht zunimmt,
weil es Luft absorbirt; denn die Luft, welche in dem Gefäfs
durch Absorption verschwindet, wiegt offenbar ebensoviel, wie
das gleiche Volumen Luft, welches dieselbe am Ende des
Versuchs ersetzt.

Kurz nach der Entdeckung des Sauerstoffs durch Priestley
im Jahre 1774 veröffentlichte Lavoisier eine neue Abhandlung,
in welcher er zeigte, dafs bei der Calcination der Metalle und
bei der Verbrennung nicht die ganze Luft, sondern nur einer
ihrer Bestandtheile absorbirt wird, der Sauerstoff. Er nannte
denselben zuerst *air vital*. oder Luft, die besonders geeignet ist.
die Verbrennung und die Athmung zu erhalten. Indem er dies
Gas, wie es Priestley gethan hatte, durch Erhitzen des Queck-
silberkalks bereitete, bewies er, dafs dieser eine Verbindung
von Quecksilber mit Sauerstoff sei, und nahm nach Analogie
an, dafs alle Metallkalke eine ähnliche Zusammensetzung haben.
Er stellte sie dar. als zusammengesetzt aus Metall und *air
vital* (Lebensluft, Sauerstoff).

Indem er die Thatsache in Erwägung zog, welche zu
seiner Zeit bereits bekannt war, dafs die Metallkalke durch
Erhitzen mit Kohle in Metalle verwandelt werden. während
sich fixe Luft (Kohlensäure) entwickelt, betrachtete Lavoisier
diese letztere als eine Verbindung von Kohle und Lebensluft.
Er erkannte aufserdem, dafs die Lebensluft eines der Elemente
des Salpeters sei, welcher die Verbrennung der Kohle in so
lebhafter Weise unterhält und dabei fixe Luft entwickelt. Die
Zusammensetzung dieses Gases wurde etwas später durch eine
glänzende Synthese bewiesen. Indem er zum ersten Male, seit
dem berühmten Versuch des Akademikers *Del Cimento*, den
Diamant verbrannte, zeigte Lavoisier, dafs das einzige Produkt

dieser Verbrennung die fixe Luft sei, welche später Kohlensäure genannt wurde.

Auf diese Weise begannen seine Untersuchungen über die Zusammensetzung der Säuren, die im Jahre 1777 durch das Studium der Phosphorsäure fortgesetzt wurden, welche durch Verbrennung des Phosphors entsteht. Nachdem er aufs neue festgestellt hatte, dafs dieser letztere durch seine Verbrennung an Gewicht zunimmt, bestimmte Lavoisier genau die Rolle, welche bei dieser Erscheinung die Luft spielt, indem er nachwies, dafs der fünfte Theil des Volumens derselben durch den Phosphor absorbirt wird. Andere Versuche, welche er im Laufe desselben Jahres unternahm, bestärkten ihn in der Schlufsfolgerung, dafs von den beiden Elementen der Luft nur das eine, der Sauerstoff, die Verbrennung zu unterhalten fähig ist.

Seine Arbeiten über die Zusammensetzung der Schwefelsäure reihen sich dem eben Besprochenen an. Er bewies darin, dafs sich diese Säure von dem Schwefligsäuregas durch eine gröfsere Menge Sauerstoff unterscheidet. Ebenso wies er die Beziehungen nach, welche in der Zusammensetzung der Salpetersäure und des Stickoxyds bestehen, welches Scheele vor kurzem entdeckt hatte. Er bezeichnete als ein dazwischen liegendes Product die rothen Dämpfe, welche durch directe Oxydation des Stickoxyds entstehen. Alle diese Arbeiten beweisen mit Gewifsheit die Rolle, welche bei der Bildung von Säuren diese „zur Unterhaltung der Verbrennung und der Athmung vor allem geeignete" Luftart spielt, welche er zuerst in einer Abhandlung vom Jahre 1778 Oxygène (Sauerstoff) nannte.

Später kam er auf die Oxyde zurück und wandte darauf seine Aufmerksamkeit den Salzen zu. Er bemühte sich, die Verhältnisse zu bestimmen, in welchen sich der Sauerstoff mit den Metallen verbindet, und stellte die Oxyde als die nothwendigen Elemente aller Salze auf. Vor ihm war die Constitution der letzteren allgemein verkannt worden. Bald stellte man dieselben dar als Verbindungen von Säuren mit Metallen, bald als Verbindungen von Säuren mit Metallkalken, indem man die bis dahin bekannten Thatsachen zur Unterstützung beider Anschauungsweisen herbeirief. Bekanntlich kann die Bleiglätte ein Salz bilden, indem sie sich in Essig löst. Aber andererseits sind zahlreiche Salze bekannt, welche durch die Einwirkung von Säuren auf Metalle entstehen. Entsteht doch der weifse Vitriol oder das schwefelsaure Zink, wenn man metallisches Zink mit verdünnter Schwefelsäure begiefst. Die Entwicklung von Wasserstoff, welche diese Lösungen begleitet, ward anfangs nicht beachtet und später auf irrthümliche Weise erklärt. Lavoisier bewies, dafs dieser Wasserstoff von der Zersetzung des Wassers herrührt, welches an der Reaction theilnimmt und dessen Sauerstoff von dem Zink fixirt wird. Also nicht das metallische Zink, sondern das oxydirte Zink, das Zinkoxyd ist es, welches sich mit der Schwefelsäure verbindet.

Verschieden ist die Art der Einwirkung bei analogen Resultaten, wenn sich Kupfer in Salpetersäure löst. Hier zersetzt das Metall nicht das Wasser, welches auch bei dieser Reaction vorhanden ist, sondern einen Theil der Säure selbst, welche ihm Sauerstoff abgiebt. Das Kupfer verwandelt sich auf diese Weise in Oxyd, welches mit einem andern Theil der Salpetersäure zu einem Salz zusammentritt. Der Theil der Säure, welcher seinen Sauerstoff an das Metall abgiebt, wird durch diese Desoxydation in die rothen Dämpfe, die untersalpetrige Säure, verwandelt, welche sich dabei entwickelt.

Das ist die Erklärung, welche Lavoisier von der Auflösung der Metalle in Säuren gab, einer Erscheinung, deren Mannichfaltigkeit seine Vorgänger verwirrt hatte, und deren Sinn ihnen entgangen war. Der grofse Reformator führte sie auf eine doppelte Wirkungsweise zurück: auf Oxydation des Metalles und darauf folgende Vereinigung des gebildeten Oxyds mit der Säure.

Nachdem er so die Rolle des Sauerstoffs bei der Bildung der Säuren, der Oxyde und der Salze erkannt hatte, entwarf er mittelst einiger sehr einfacher Definitionen den Grundrifs eines neuen chemischen Systems.

Eine Säure geht aus der Vereinigung eines einfachen, gewöhnlich nicht metallischen Körpers mit Sauerstoff hervor. Oxyd heifst die Verbindung von Metall mit Sauerstoff. Ein Salz bildet sich durch die Vereinigung einer Säure mit einem Oxyde.

Diese Grundsätze, welche für die Sauerstoffverbindungen bewiesen waren, konnten ohne Weiteres auf andere chemische Verbindungen ausgedehnt werden.

Ein Sulphid entsteht durch Verbindung des Schwefels mit einem Metall.

Ein Phosphid enthält Metall an Phosphor gebunden.

Die Chloride allein blieben noch, wenn auch nicht aus dem System, so doch aus dieser Reihe genauer Definitionen ausgeschlossen. Da nämlich das Chlor von Berthollet als Verbindung der Salzsäure mit Sauerstoff angesehen ward, so galten die Chloride lange Zeit für sauerstoffhaltige Salze. Aber dieser Irrthum, welcher später verbessert wurde, konnte der neuen Theorie keinen Abbruch thun, die den einfachen Körpern das Vermögen zuschrieb, sich mit einander zu vereinigen und so ohne Substanzverlust Verbindungen verschiedener Ordnung und verschiedener Complication zu bilden.

Wenn ein einfacher Körper sich mit einem andern einfachen Körper vereinigt, so entsteht eine binäre Verbindung erster Ordnung. Die Säuren, die Oxyde, die Sulphide u. s. w. gehören zu dieser Gattung von Verbindungen, der einfachsten von allen.

Aber Säuren und Oxyde besitzen selbst das Vermögen, sich mit einander zu vereinigen, um binäre Verbindungen der zweiten Ordnung zu bilden: nämlich die Salze.

Welches auch der Grad von Complication einer Verbindung sein mag, so kann man immer zwei constituirende Theile, zwei nähere Bestandtheile in ihr annehmen, die entweder einfache oder zusammengesetzte Körper sind. Das Eisensulphid enthält zwei constituirende Theile, den Schwefel und das Eisen, die beide einfache Körper sind. Im grünen Vitriol ist ein neuer einfacher Körper zu diesen hinzugetreten. Dieses Salz enthält nämlich Schwefel, Eisen und Sauerstoff; aber diese Elemente sind in solcher Weise mit einander verbunden, dafs der Sauerstoff zwischen dem Schwefel und dem Eisen getheilt ist und mit dem ersteren Schwefelsäure, mit dem andern Eisenoxyd bildet. Diese Säure und dieses Oxyd sind die näheren Bestandtheile des Salzes.

Alle chemischen Verbindungen sind also binär; dies ist der durchgehende Gedanke des Systems. In allen Verbindungen wirkt die Verwandtschaft auf zwei einfache oder zusammengesetzte Bestandtheile. Diese ziehen sich an und vereinigen sich in Folge eines gewissen Gegensatzes in ihren Eigenschaften welcher eben durch ihre Vereinigung ausgeglichen wird. Dies ist der Dualismus.

Das ist die Grundlage der Theorie und das Princip der chemischen Sprache, deren bewundernswürdige Präcision gegen Ende des letzten Jahrhunderts nicht am wenigsten zu dem Siege der in ihr liegenden Ideen beigetragen hat.

IV.

Im Parlament von Dijon befand sich damals als General-Advocat Guyton de Morveau, der seine Mufsezeit dem Studium der Chemie und der Mineralogie zuwandte. Er war in seinen öffentlichen Vorlesungen von der Unbequemlichkeit der damals herrschenden Nomenclatur betroffen worden; wenn man eine Sprache ohne Regeln und ohne Klarheit, eine Sammlung wunderlicher Wörter und beschwerlicher Synonyme Nomenclatur nennen kann. Im Jahre 1782 schlug er neue Namen vor, welche nicht angenommen wurden, die jedoch den Keim einer wirklichen Nomenclatur in sich trugen.

Der Zweck der Reform, welche Guyton de Morveau unternahm, war der, durch den Namen einer Substanz ihre Zusammensetzung auszudrücken.

Er fand kräftige Unterstützung bei Lavoisier, der seinerseits den Begründer der Nomenclatur zu der neuen Lehre herüberzog. Sie vereinigten sich im Jahre 1787, und durch den vorwiegenden Einfluß Lavoisier's und die Mitwirkung Berthollet's und Fourcroy's ward die neue Sprache der neuen Theorie angepaßt.

Die Namen drücken von jetzt ab die Zusammensetzung der benannten Körper aus, und da diese binär sind, besteht jeder Name aus zwei Wörtern. Die Klasse der Sauerstoffverbindungen hat als Muster für alle anderen gedient.

Die einfachsten Sauerstoffverbindungen sind die Säuren und die Oxyde. Diese Wörter zeigen beide die Gegenwart von Sauerstoff an. Sie bestimmen das Genus der Verbindungen, während die Species durch ein anderes Wort bezeichnet wird, gewöhnlich durch ein Adjectiv, das den Namen des einfachen Körpers, Metalloids oder Metalls, ausdrückt, welches mit Sauerstoff verbunden ist. So sagt man, *acide sulphurique* (Schwefel-Säure), *oxyde de plomb*, oder *oxyde plombique* (Blei-Oxyd).

Wenn es sich darum handelt, die verschiedenen Oxydationsstufen desselben Körpers auszudrücken, so macht sich die Fruchtbarkeit der Nomenclatur durch viele scharfsinnige Hülfsmittel geltend. Sie setzt dem einen oder dem andern der beiden Wörter griechische Präpositionen vor oder verändert das Adjectiv durch verschiedene Endsilben.

So bezeichnet sie die verschiedenen Oxydationsstufen des Schwefels mit den Namen: *acides hypersulphureux* (unterschweflige Säure), *sulphureux* (schweflige Säure), *sulphurique* (Schwefelsäure). Die Oxydationsgrade des Bleis und des Mangans bezeichnet sie mit den folgenden Namen: Blei-Protoxyd (oder Blei-Oxydul) und Blei-Bioxyd (Blei-Oxyd), Mangan-Protoxyd (oder Mangan-Oxydul) und Mangan-Peroxyd.

Ebenso werden die Salze durch zwei Wörter bezeichnet, von denen eines die Gattung ausdrückt, welche durch die Säure, das andere die Species, welche durch die metallische Base bestimmt wird. Blei-Sulphat (schwefelsaures Blei) will also die Verbindung der Schwefelsäure mit dem Blei-Oxyd

ausdrücken, Kalium-Sulfid (schwefligsaures Kali), die Verbindung der schwefligen Säure mit Kali.

Dieselben Grundsätze finden sich bei der Benennung der
Verbindungen wieder, welche der Schwefel und der Phosphor
mit den Metallen bilden.

Es würde hier nicht am Platze sein, auf diese Einzeln-
heiten einzugehen, da unser Zweck nur der ist, den Einfluss
der neuen Namen auf die Verbreitung der neuen Ideen hervorzuheben. Seit 1790 drängte sich die Grundanschauung des
Lavoisier'schen Systems, nämlich die dualistische Natur der
Verbindungen, dem Geist des Lesers, mochte er Gelehrter oder
Anfänger sein, schon mit den Worten der chemischen Sprache
auf, und die Gewalt, welche unter solchen Umständen dem
Worte innewohnt, ist bekannt.

Obgleich dieses System auf Thatsachen beruhte, so war es
doch nicht frei von Hypothesen. Indem es in den Salzen
zwei getrennte Bestandtheile annahm und behauptete, dafs sich
der Sauerstoff zwischen der Säure und der Base vertheile,
setzte es eine bestimmte Gruppirung der Elemente voraus,
welche sich nicht direct beweisen liefs, und machte also eine
Hypothese. Diese, in der chemischen Sprache klar ausgedrückt,
drängte sich den Chemikern auf und wurde wie eine bewiesene
Wahrheit von einer Generation an die andere überliefert.
Allerdings war sie einfach und wahrscheinlich. Sie erklärte
nicht nur die bekannten, sondern beförderte auch die Entdeckung von neuen und höchst wichtigen Thatsachen. Sie
war nützlich, weil sie fruchtbar war.

Man wufste am Ende des letzten Jahrhunderts, dafs die
Alkalien, die alkalischen Erden und die Erden, z. B. das
Kali, der Kalk und die Thonerde, die Eigenschaft besitzen,
sich mit Säuren zu Salzen zu verbinden, und dennoch waren
diese salzbildenden Basen noch nicht zerlegt worden. Lavoisier
errieth ihre Natur, indem er sie den Oxyden gleichstellte; aber
bisher hatte noch Niemand die metallischen Radicale aus ihnen
dargestellt. Seit 1790 war eine Reihe vergeblicher Versuche

zu ihrer Reduction gemacht worden. Diese Enttäuschungen
hatten die Chemiker so entmuthigt, dafs die grofse Entdeckung
H. Davy's im Jahre 1807 mit wahrer Ueberraschung aufgenommen wurde. Die Thatsache, welche der englische
Chemiker bekannt machte, die Reduction der Alkalien durch
den elektrischen Strom einer kräftigen Batterie, wurde bald
darauf von Gay-Lussac und Thenard selbst bestätigt, die zuerst
einigen Zweifel darüber ausgesprochen hatten. Diesen Chemikern
ist es bekanntlich gelungen, das Kali und das Natron zu
reduciren, indem sie dieselben der Einwirkung von Eisen
bei sehr hohen Temperaturen aussetzten. Nur einige Erden,
wie die Thonerde und die Magnesia, leisteten diesen mächtigen
Zersetzungsmitteln Widerstand. Nachdem Oersted später gelehrt
hatte, dafs man sie durch gleichzeitige Einwirkung von Chlor
und Kohle bei Rothglühhitze in wasserfreie Chloride verwandeln könne, gelang es Woehler, diese Chloride mittelst der
von Davy entdeckten Alkalimetalle zu zerlegen. Er isolirte
auf diese Weise das Aluminium, welches später durch die
Arbeiten H. St. Claire-Deville's zu einem nutzbaren Metalle
wurde.

Alle diese Entdeckungen, welche sich an die Namen der
gröfsten Chemiker dieses Jahrhunderts anreihen, gingen aus
der Idee hervor, welche Lavoisier über die Constitution der
Salze aufgestellt hatte.

In Bezug auf einen andern Punkt erwies sich die Theorie
mangelhaft. Lavoisier hatte zuerst angenommen, dafs alle
Säuren ein gemeinsames Element enthalten, welches er
Oxygène (Sauerstoff) nannte, weil er es als das säurebildende
Princip, den Generator der Säuren ansah. Dieser Ausspruch,
obgleich in vielen Fällen richtig, war zu allgemein gehalten.
Berthollet wies 1789 die darin liegende Uebertreibung nach,
indem er durch Analyse des Schwefelwasserstoffs und der
Blausäure zwei Körper kennen lehrte, die sauerstofffrei sind
und dennoch saure Eigenschaften haben. Aber eine der wich-
tigsten Ausnahmen von Lavoisier's Regel ist die Salzsäure,

deren Zusammensetzung später erkannt wurde.[1]) Dieselbe ist
eine starke Mineralsäure, welche Kali neutralisirt, so wie es
Schwefelsäure thut, und dabei ähnliche Erscheinungen hervorruft, nämlich eine bedeutende Temperaturerhöhung und die
Bildung einer salzartigen, neutralen, weifsen Masse, die, wenn
die Flüssigkeiten concentrirt sind, in kleinen Krystallen niederfällt. In beiden Fällen wird eine Säure von einer Base
neutralisirt, indem ein Salz gebildet wird, und dennoch enthält
die erstere dieser Säuren keinen Sauerstoff.

Was häufig in den Naturwissenschaften vorkommt, geschah
auch hier. Diese Thatsachen, welche zuerst für die Theorie
störend waren und als Ausnahmen betrachtet wurden, sind
später der Ausgangspunkt einer neuen allgemeinen Anschauung
geworden.

H. Davy gründete auf sie eine Theorie der Salze,
welche Dulong unterstützte, die aber von ihren Zeitgenossen
verworfen wurde, weil sie den überlieferten Ideen wider-
sprach. Heute ist sie allgemein angenommen, und wir werden

---

[1]) Lavoisier und Berthollet sahen die Chlorwasserstoffsäure (Salzsäure) als Verbindung eines unbekannten Radicals mit Sauerstoff an.
Bekanntlich zersetzt das Chlor im zerstreuten Tageslicht das Wasser
und bildet Salzsäure, indem Sauerstoff frei wird. Hieraus zog Berthollet den Schlufs, dafs das Chlor eine Verbindung von Salzsäure mit
Sauerstoff sei. Er nahm an, dafs das unbekannte Radical der Salzsäure mit Sauerstoff verschiedene Verbindungen geben kann, nämlich:
mit einer kleinen Menge Sauerstoff: Salzsäure;
mit einer gröfseren Menge: oxydirte Salzsäure (Chlor);
mit einer noch gröfseren Menge: überoxydirte Salzsäure (acide hyper-
oxymuriatique), die Säure des chlorsauren Kalis.
Diese Theorie war mit den Ideen Lavoisier's in Einklang. Nach
ihr waren die Chloride (Muriate) sauerstoffhaltige Salze. Sie herrschte
bis 1810, wo Davy nachwies, dafs die einfachste Erklärung der Thatsachen, welche über das gelbe von Scheele entdeckte Gas bekannt waren,
darin bestand, diesen Körper als ein Element anzusehen, dem er den
Namen Chlor gab.

2*

sie später auseinandersetzen. Der grofse Fortschrittsgedanke,
die Neutralisation der Basen durch Wasserstoffsäuren und durch
Sauerstoffsäuren als eine und dieselbe Erscheinung aufzufassen
und durch dieselbe Theorie zu erklären, wodurch Lavoisier's
Theorie über die Constitution der Säuren erschüttert wurde,
entspringt ausden Thatsachen, welche Berthollet zu einer Zeit
entdeckte, als diese Lehre eben ihre ersten Siege davontrug.
Sie barg also seit ihrer Geburt den Keim ihres Unterganges
in sich.

DALTON UND GAY-LUSSAC.

I.

Um die Zeit, da Lavoisier die Chemie in ihren Grundlagen erneuerte, arbeitete Wenzel, ein deutscher Gelehrter, im Stillen daran, die Vorstellungen über die Zusammensetzung der Salze, wie sie damals angenommen waren, durch genaue Analysen zu erweitern und schärfer zu bestimmen. Den Chemikern jener Zeit war die Thatsache aufgefallen, daſs zwei neutrale Salze durch Austausch von Basen und Säuren zwei neue Salze bilden können, die gleichfalls neutral sind· Mischt man z. B. concentrirte neutrale Lösungen von schwefelsaurem Kali und salpetersaurem Kalk, so bildet sich durch doppelte Zersetzung schwefelsaurer Kalk, der niederfällt, und salpetersaures Kali, das in Lösung bleibt. Die beiden neuen Salze sind neutral wie die beiden erstern, und es kam darauf an, die Fortdauer der Neutralität zu erklären. Wenzel war so glücklich, diese Erklärung zu finden. Er zeigte, daſs, wenn man zwei neutrale Salze in solchen Mengen mischt, daſs die Säure des ersten genau durch die Basis des zweiten neutralisirt wird, dann auch die Säure des zweiten genau ausreicht, um die Basis des ersten zu neutralisiren. Mit andern Worten, er zeigte, daſs, wenn zwei neutrale Salze sich wechselseitig zersetzen, die Neutralität fortbesteht, weil die relativen Mengen der verschiedenen Basen, die ein bestimmtes Gewicht irgend einer Säure neutralisiren, genau diejenigen sind, welche ein bestimmtes Gewicht einer andern Säure neutralisiren.

In dieser Erkenntniſs liegt der Ausgangspunkt für das Gesetz der Aequivalenz, wie es zwanzig Jahre später von

Richter nachgewiesen wurde. Die Mengen verschiedener Basen, welche 1000 Gramm Schwefelsäure neutralisiren, stehen zu einander in demselben Verhältnifs, wie die Mengen derselben Basen, welche 1000 Gramm Salpetersäure neutralisiren.

Die ersteren sind mit einander äquivalent, d. h. sie können sich einem bestimmten Gewicht Salpetersäure gegenüber vertreten. Aendert sich das Gewicht der Säure nicht, so bleibt auch das Gewicht einer jeden Basis unverändert; nimmt es zu oder ab, so nimmt auch das Gewicht einer jeden Basis in demselben Verhältnifs zu oder ab.

Die Gewichtsverhältnisse, nach denen sich die Säuren mit den Oxyden verbinden, sind also durchaus feste: das ist die bedeutungsvolle Thatsache, die aus diesen zu Ende des vorigen Jahrhunderts unternommenen Forschungen über die Zusammensetzung der Salze hervorgeht. Das Gesetz der Aequivalenz begreift in sich das Gesetz der bestimmten Verhältnisse.

Diese theoretischen Folgerungen, zu denen Wenzel's Arbeiten führten und die ihnen eine so hohe Bedeutung verleihen, wurden kaum beachtet; die Entdeckungen des Freiberger Chemikers wie die Forschungen, durch die sie von Richter[1]) vervollständigt wurden, geriethen bald in völlige Vergessenheit. Die Stunde Wenzel's und Richter's war noch nicht gekommen. Theoretische Ansichten einer höheren Art beschäftigten ihre Zeitgenossen. Die Kämpfe und Triumphe Lavoisier's nahmen damals alle Geister in Anspruch, und doch hätten die angeführten Thatsachen in der Deutung, die ihnen zwanzig Jahre später zu Theil wurde, dem neuen System zur Bekräftigung und Stütze dienen können.

Aber die theoretische Deutung fehlte noch. Sie ergiebt

---

[1]) Richter hat einige ungenaue Analysen veröffentlicht und hat sie unglücklicherweise gewissen noch irrthümlicheren theoretischen Ideen angepafst. Dieser Umstand hat alle seine Arbeiten in Mifscredit gebracht, und ihr Verdienst ist erst zwanzig Jahre später von Berzelius erkannt worden.

sich aus den Arbeiten eines englischen Gelehrten, dem die
Wissenschaft eine Anschauung verdankt, wie seit Lavoisier
keine tiefere und zugleich fruchtbarere aufgekommen war.

II.

Im Anfange dieses Jahrhunderts wurde in Manchester die
Chemie von einem Manne gelehrt, der mit warmer Liebe zur
Wissenschaft jenen edlen Stolz des Gelehrten verband, dem
die Unabhängigkeit höher steht als Ehrenbezeigungen und dem
der Ruhm gründlicher Arbeiten mehr gilt als eine leere Popularität. Wir reden von Dalton; sein Name ist einer der
gröfsten in der Chemie.

Bei der Untersuchung über die Zusammensetzung zweier
aus Wasserstoff und Kohlenstoff bestehenden Gase, des Sumpf-
gases und des ölbildenden Gases, erkannte er, dafs das letztere
auf dieselbe Menge Kohlenstoff genau halbsoviel Wasserstoff
enthält als das erstere. Er beobachtete ein analoges Verhalten in der Zusammensetzung der Kohlensäure und des
Kohlenoxyds, und bei den Sauerstoffverbindungen des Stickstoffs.

Aus diesen Untersuchungen hat sich eine allgemeine Thatsache ergeben, die man folgendermafsen ausdrücken kann:
Wenn ein Körper mit einem andern mehrere Verbindungen bildet,
so finden, das Gewicht des einen von ihnen als constant angenommen, zwischen den verschiedenen Gewichtsmengen des
andern sehr einfache Zahlenverhältnisse statt: die Verhältnisse
1 zu 2, 1 zu 3, 2 zu 3, 1 zu 4, 2 zu 5 u. s. w. Das ist
das Dalton'sche Gesetz der multiplen Proportionen.

Diese grofse Entdeckung bot die glückliche Durchführung
dessen, was Wenzel und Richter begonnen hatten. Diese
Chemiker hatten festgestellt, dafs die Verbindung zwischen
Säuren und Basen nach unveränderlichen und bestimmten Verhältnissen stattfindet. Dalton erkannte, dafs das Gleiche von
den Verbindungen gilt, die einfache Körper mit einander
eingehen.

Zur Thatsache der bestimmten Verhältnisse fügte er die
Thatsache der multiplen Proportionen. Die Bedeutung seiner
Arbeiten wäre vielleicht verkannt worden, wenn es nicht dem
tiefblickenden Geiste Dalton's gelungen wäre, die aufgefunde-
nen Thatsachen durch eine Hypothese von aufserordentlicher
Tragweite zu erklären und sie durch eine sehr einfache Formel
wiederzugeben. Er ging auf die Idee Leucipp's und das Wort
Epikur's zurück und nahm an, dafs die Körper aus kleinen
untheilbaren Theilchen beständen, welche er Atome nannte.
Diesem alten und unbestimmten Begriff gab er einen bestimmten Sinn; einmal nahm er an, dafs für eine jede Art Materie
den Atomen ein unveränderliches Gewicht zukomme, dann,
dafs der Vorgang bei der Vereinigung verschiedener Arten
Materie nicht in der Durchdringung ihrer Substanz bestehe,
sondern in der Aneinanderlagerung ihrer Atome.

Geht man von dieser Grundhypothese aus, so finden die
Thatsache der bestimmten Proportionen und die Thatsache
der multiplen Proportionen eine einfache und genügende Erklärung.

Die bestimmten Proportionen, nach denen die Körper sich
verbinden, entsprechen den unveränderlichen Verhältnissen
zwischen den Gewichten der Atome, welche sich an einander
lagern.

Die multiplen Proportionen zeigen die veränderliche Zahl
von Atomen derselben Art an, welche sich mit einem oder
mehreren Atomen einer andern Art verbinden können, sofern
nämlich zwei Körper mehrere Verbindungen mit einander bilden.

Da solche vielfache Verbindungen nur durch das Hinzutreten neuer ganzer Atome entstehen können, so müssen
offenbar die Zahlenverhältnisse zwischen diesen Atomen
rational und im Allgemeinen einfach sein. Ferner bleibt das
Verhältnifs zwischen den Atomen des einen und denen des
andern Elements in allen Verbindungen unveränderlich, welches
Gewicht man auch in Betracht ziehen möge. Nimmt man
also von den Verbindungen, die durch Vereinigung zweier
Elemente in verschiedenen Abstufungen gebildet sind, Quan-

titäten, die ein constantes Gewicht von einem der beiden enthalten, so ist klar, daſs die verschiedenen Gewichte des andern
Elements Vielfache von einander sein müssen, wie es in den
Molekülen die Atome des einen von den Atomen des andern
sind.

Die bestimmten Verhältnisse, die multiplen Proportionen,
nach denen sich die Körper verbinden, stellen die Gewichte
ihrer Atome dar, nicht die absoluten Gewichte, sondern die relativen. Es sind Zahlen, die Gewichtsverhältnisse ausdrücken.
Das Vergleichungsmittel ist das Gewicht des einen der Atome,
das man als Einheit angenommen hat. Dalton wählte als
Einheit den Wasserstoff. Wiegt das Atom des Wasserstoffs 1,
wie groſs ist dann das Gewicht des Sauerstoffs? Nach
Dalton 7; denn er nahm an, 7 Theile Sauerstoff seien erforderlich, um mit 1 Theil Wasserstoff Wasser zu bilden. Wir
wissen jetzt, daſs die Zahl 7 ungenau ist, und daſs Wasser aus
8 Theilen Sauerstoff auf 1 Theil Wasserstoff besteht. Aber
es kommt hier nur auf die Thatsache an, daſs die Zahlen 1
und 7, die Dalton als die Atomgewichte des Wasserstoffs und
Sauerstoffs ansah, eben den Verhältnissen entsprechen, nach
denen diese Körper sich zur Bildung von Wasser vereinigen.
Seine Gegner konnten die Thatsache nicht leugnen: sie ver-
warfen aber die theoretische Deutung und wollten darum auch das
Wort nicht anerkennen. Dalton's Atomgewichte nannte Wollaston Aequivalente. H. Davy Proportionalzahlen, und man sieht,
daſs diese später gesonderten Begriffe Atomgewicht und Aequivalent anfangs neben einander gebraucht wurden und nichts
weiter als die Gewichtsverhältnisse darstellten, nach denen die
Körper sich verbinden. Wir wollen nicht unerwähnt lassen,
daſs die von Dalton veröffentlichten Zahlenbestimmungen an
Genauigkeit viel zu wünschen übrig lieſsen, ein Umstand, der
zu Ausstellungen Anlaſs geben konnte, aber der Gröſse seiner
Entdeckung und der Bedeutung seines Gedankens keinen Abbruch thut.

Noch eine wichtige Erkenntniſs hat er selbst aus der Idee
der Atome hergeleitet. Entsteht eine gegebene Verbindung

durch Aneinanderlagerung von Atomen verschiedener Natur, deren jedes ein bestimmtes Gewicht hat, so ist klar, dafs die Summe der Gewichte dieser Atome das Gewicht dieser Verbindung darstellen mufs, und die kleinste denkbare Menge derselben wird diejenige sein, welche die kleinste mögliche Zahl von Elementar-Atomen enthält. Diese kleinste denkbare Quantität der Verbindung nennt man ein Molekül des zusammengesetzten Körpers, und das Gewicht dieses Moleküls wird offenbar durch die Summe der Gewichte aller in ihm enthaltenen Elementar-Atome gebildet. Aber wenn sich zusammengesetzte Körper mit einander verbinden, folgen sie denselben Gesetzen, wie die einfachen Körper. Sie ziehen sich an und lagern sich an einander in ganzen Molekülen, d. h. alle Atome, aus denen das Molekül des einen der zusammengesetzten Körper besteht, lagern sich in ihrer Gesammtheit an alle Atome, die ein oder mehrere Moleküle des andern zusammengesetzten Körpers bilden. So tritt, wenn sich Kohlensäure mit Kalk verbindet, die Gesammtheit der Elementar-Atome, welche das Molekül der Säure bilden, zu den Atomen, welche das Molekül des Kalks bilden, und so entsteht ein Molekül kohlensaurer Kalk.

Es geht daraus hervor, dafs solche Verbindungen wie die andern nach bestimmten Proportionen und nach multiplen Proportionen stattfinden müssen.

Nach bestimmten Proportionen; denn man könnte sich keine Vorstellung machen, wie weniger als ein Molekül sich mit einem andern Molekül verbinden sollte. Jedes ganze Molekül aber hat ja sein bestimmtes Gewicht.

Nach multiplen Proportionen; denn falls ein zusammengesetzter Körper fähig ist, mit einem andern zusammengesetzten Körper mehrere Verbindungen zu bilden, müssen 1 oder 2 Moleküle des einen 1, 2 oder 3 ganze Moleküle des andern anziehen.

Man sieht, dafs das Gesetz der bestimmten Proportionen in der erweiterten Form und der Deutung, die ihm Dalton gab, die von Wenzel und Richter entdeckten Gesetze über die

Zusammensetzung der Salze als besonderen Fall umfafst. So kann man das Werk des grofsen englischen Chemikers in folgenden drei Punkten zusammenfassen:

Das Gesetz der bestimmten Proportionen ward durch ihn bestätigt und verallgemeinert.

Das Gesetz der multiplen Proportionen ward in die Wissenschaft eingeführt.

Beide Gesetze wurden mit einander in Verbindung gebracht und durch die atomistische Hypothese theoretisch erklärt.

Dalton fand in seinem Landsmann Thomson einen überzeugten Vermittler seiner Lehre; aber auch an Gegnern hat es ihm nicht gefehlt. Der französischen Uebersetzung des berühmten *System of Chemistry*, in dem Thomson im Jahre 1807 Dalton's Entdeckungen und Ideen der Oeffentlichkeit übergeben hatte, schickte Berthollet eine im Jahre 1808 geschriebene Vorrede voraus. Er griff in derselben die atomistische Theorie und selbst die Thatsache der bestimmten Verhältnisse lebhaft an. Beide standen mit den Ansichten Berthollet's über die Gewichtsverhältnifse der Elemente in den Verbindungen wenig in Einklang.

Man kennt die tief eindringenden Untersuchungen dieses Forschers über die Affinität. Alle Körper besitzen in verschiedenem Grade Affinität zu einander; aber diese chemische Kraft unterliegt dem Einflusse verschiedener physikalischer Kräfte, wie der Elasticität, der Cohäsion, die ihre Wirkungen völlig modificiren können. Befinden sich zwei Salze neben einander in Lösung, so suchen die beiden Säuren sich in die beiden Basen zu theilen. Es suchen sich zwei neue Salze zu bilden vermöge einer doppelten Zersetzung, d. h. eines Austausches von Säuren und Basen. Dieser Austausch ist jedoch unvollständig und die Zersetzung bleibt bei einer gewissen Grenze stehen, so dafs die beiden neuen Salze mit einer gewissen Menge der ursprünglichen unzersetzten Salze gemischt bleiben. Ist aber das eine der neuen Salze unlöslich oder flüchtig, so findet die Zersetzung vollständig statt; denn das betreffende Salz wird gewissermafsen dem Spiel der Anziehungen entzogen durch seine Elasticität, wenn es sich verflüchtigt, oder durch seine Cohäsion, wenn es sich niederschlägt. In beiden Fällen können seine Bestandtheile in dem Gemisch keine Wirkung mehr äufsern. So üben nach Berthollet auf die Affinität, die Ursache der chemischen Reactionen, gewisse physikalische Kräfte ihren Einfluſs aus, und diese letzteren Kräfte allein bewirken zuweilen die Entstehung von Verbindungen bestimmter Zusammensetzung. Der Vorgang ist folgender.

Treten zwei Körper in Wechselwirkung, so kann die Cohäsion des einen durch die Affinität erst überwunden werden, wenn eine bestimmte Quantität des andern zur Wirkung kommt. Die Elemente der beiden Körper vereinigen sich dann nach einem festen Gewichtsverhältniſs. Oder können zwei Körper sich in veränderlichen Verhältnissen vereinigen, so mag unter ihren Verbindungen eine sich durch überwiegende Cohäsion oder Elasticität auszeichnen: dann sind in dieser die Elemente nach bestimmten Verhältnissen verbunden, weil die Verbindung krystallisirt, weil sie unlöslich oder flüchtig ist.

Berthollet erkennt also die bestimmten Proportionen nicht als allgemeines Gesetz an, sondern als etwas zufällig Eintreffendes, das unter dem Einflusse nicht chemischer Kräfte zu Stande kommt. Sobald diese Kräfte, die Cohäsion und die Elasticität, sich das Gleichgewicht halten, sei es in den wirkenden Substanzen, sei es in den Producten ihrer Verbindung, so kann die Affinität, ihrer Fesseln entledigt, frei wirken; sie unterliegt dann nur noch dem Einfluſs der Massen. Die Verbindungen und überhaupt die chemischen Wirkungen können alsdann nach allen möglichen Verhältnissen vor sich gehen, je nach den Massen, die in Wirkung treten. Man begreift, wie der berühmte Gelehrte, der diese Sätze aufgestellt hatte, die Ideen Dalton's aufnehmen mufste. Er hat sie lebhaft bekämpft. Aber seine grofse Autorität vermochte nichts gegen die Autorität der Thatsachen. Die entgegengesetzte Lehre wurde durch Proust vertreten, der den Beweisgründen seines Gegners genaue Analysen von Oxyden und Schwefelmetallen entgegenstellte. Begonnen im Jahre 1801, zog sich dieser Streit

bis in das Jahr 1808 hin. Er wird unvergessen bleiben, sowol um der Gröfse der erlangten Resultate willen, als der
seltenen Eigenschaften wegen, die die Kämpfer bewährten,
Beide gewandt im Streit, Beide in gleichem Grade beseelt von
Wahrheitsliebe und auf mafsvolle Haltung bedacht.

Das Gesetz der bestimmten Proportionen, das Grundgesetz
der Chemie, ist siegreich aus diesem Streite hervorgegangen.
Seitdem ist es allgemein angenommen und hat, wie wir sagen
dürfen, in unsern Tagen eine glänzende Bestätigung gefunden.
Die Wahrheit, die annähernde Analysen dem Genie der Wenzel, Richter, Proust, Dalton, Wollaston enthüllt hatten, hat
Stas durch Bestimmungen von nahezu absoluter Genauigkeit
festgestellt. Nach Wenzel, Richter, Proust mufste man ein
grofses Naturgesetz anerkennen, nach Stas kann man behaupten, dafs dieses Gesetz merklichen Störungen nicht unterworfen ist.

III.

In den ersten Jahren dieses Jahrhunderts, als die Frage,
die uns hier beschäftigt, die Meister der Wissenschaft in Anspruch nahm, gewann ein junger Gelehrter, der kaum die poly-
technische Schule verlassen hatte, in angestrengten Studien und
in genauen Arbeiten die Vorbereitung zu den schönsten Entdeckungen. Auch Joseph Louis Gay-Lussac, im Jahre 1801
Ingénieur-élève, sollte ein grofser Meister werden. Seine
Untersuchungen über die volumetrischen Verhältnisse, nach
denen die Gase sich mit einander verbinden, haben zu dem
zweifachen Ergebnifs geführt: einen neuen und entscheidenden
Beweis zu Gunsten der bestimmten Proportionen zu liefern und
für die atomistische Theorie einen festen Anhaltspunkt und
einen neuen Ausdruck zu geben.

Wir wollen zunächst an die Thatsachen erinnern. Die
Volumverhältnisse, nach denen Wasserstoff- und Sauerstoff-
gas sich verbinden, um Wasser zu bilden, waren nicht mit

Sicherheit festgestellt. Man hatte nach der Reihe angenommen, dafs diese Verbindung in dem Verhältnifs von 12 Volumen Sauerstoff zu 23 Volumen Wasserstoff, von 100 Volumen Sauerstoff zu 205 Volumen Wasserstoff, von 72 Volumen Sauerstoff zu 143 Volumen Wasserstoff vor sich geht. Gay-Lussac zeigte 1805, in einer gemeinsamen Arbeit mit A. v. Humboldt, dafs die beiden Gase genau nach dem Verhältnifs von 1 Volum des einen zu 2 Volumen des andern in Verbindung treten.

Im Jahre 1809 verallgemeinerte er diese Beobachtung und zeigte, dafs eine einfache Beziehung nicht nur zwischen den Volumen zweier Gase, die sich verbinden, stattfindet, sondern auch zwischen der Summe der Volume der Gase, die in Verbindung treten, und dem Volum, das die Verbindung selbst im Gaszustand einnimmt.

So vereinigen sich 2 Volume Wasserstoff mit 1 Volum Sauerstoff, um zwei Volume Wasserdampf zu bilden.

2 Volume Stickstoff verbinden sich mit 1 Volum Sauerstoff zu 2 Volumen Stickoxydul.

In beiden Fällen werden aus drei Volumen der gasförmigen Bestandtheile in Folge der Verbindung 2 Volume; das Verhältnifs 3 : 2 ist ein einfaches.

In andern Fällen findet man die Verhältnisse 2 : 2 oder 4 : 2. So vereinigt sich 1 Volum Chlor mit 1 Volum Wasserstoff, um 2 Volume Chlorwasserstoff zu bilden; 3 Volume Wasserstoff verbinden sich mit 1 Volum Stickstoff, um 2 Volume Ammoniak zu bilden.

Die Entdeckung Gay-Lussac's hat eine unermefsliche Tragweite. Um zu begreifen, welche weiteren Ergebnisse aus ihr folgen, wollen wir ihre Beziehung zu den früher entdeckten Thatsachen untersuchen.

Die Körper verbinden sich in bestimmten und einfachen Gewichtsverhältnissen, die nach Dalton die relativen Gewichte ihrer Atome ausdrücken.

Die Gase verbinden sich in bestimmten und einfachen Volumverhältnissen, d. h. man beobachtet ein einfaches Verhältnifs zwischen den Volumen der Gase, die Verbindungen eingehen.

Wenn man nun Dalton's Hypothese auf die Gase anwendet, müssen dann nicht offenbar die Gewichte der Volume von Gasen, die sich verbinden, die Gewichte ihrer Atome vorstellen? Verbindet sich z. B. 1 Volum Chlor mit 1 Volum Wasserstoff, so mufs das Gewicht von 1 Volum Chlor das Gewicht von 1 Atom Chlor und das Gewicht von 1 Volum Wasserstoff das Gewicht von 1 Atom Wasserstoff vorstellen. Nun sind aber die Gewichte gleicher Volume von Gasen, auf das des einen als Einheit bezogen, ihre Dichten.

Es mufs also eine einfache Beziehung zwischen den Dichten der Gase und ihren Atomgewichten statthaben.

Diese Beziehung besteht in der That. Wir werden sehen, dafs die Dichten der Gase zu einander in demselben Verhältnisse stehen wie ihre Atomgewichte oder einfache Vielfache derselben.

Die Entdeckung Gay-Lussac's hat also nicht nur das Gesetz der bestimmten Proportionen aufs Entschiedenste bestätigt, sondern auch der atomistischen Theorie zu wesentlicher Förderung gedient, indem sie zeigte, dafs die Dichten der Gase ein Mittel zur Bestimmung oder Controle der Atomgewichte gewähren. Und doch sind diese beiden Folgen der Gay-Lussac'schen Entdeckung durch einen sonderbaren Zufall gerade von Denen verkannt worden, die das gröfste Interesse daran hatten, auf sie hinzuweisen und ihre Anerkennung zu befördern. Dalton hat die Angaben Gay-Lussac's, als nicht streng zutreffend, in Zweifel gezogen. Gay-Lussac war der Meinung, die Thatsache der einfachen und bestimmten Verhältnisse zwischen den Volumen der in Verbindung tretenden Gase sei mit der Ansicht Berthollet's vereinbar, dafs die Körper sich im Allgemeinen in sehr veränderlichen Verhältnissen verbinden. [1]) So versuchte er die Ideen Berthollet's

---

[1]) Mémoires de la Société d'Arcueil, t. I, p. 232.

in dem Augenblick zu retten, wo er ihnen einen entscheidenden Stofs versetzte.

Wir haben soeben auf das Bestehen einer einfachen Beziehung zwischen den Dichten der Gase und den Gewichten ihrer kleinsten Theilchen hingewiesen. Kurze Zeit nach der Entdeckung Gay-Lussac's hat ein italienischer Chemiker versucht, dieselbe schärfer zu bestimmen. In einer im Jahre 1811 veröffentlichten Abhandlung hat Amedeo Avogadro [1]) die Ansicht ausgesprochen: die Gase bestehen aus materiellen Theilchen, die weit genug von einander abstehn, um jeder wechselseitigen Anziehung entzogen zu sein und nur der abstofsenden Kraft der Wärme zu folgen. Diese kleinen Massen nannte er integrirende oder constituirende Moleküle. Beim Uebergang in den Gaszustand löst sich, nach seiner Annahme, die Materie in integrirende Moleküle auf, deren Zahl für gleiche Volume dieselbe ist. Daraus folgt, dafs die Gewichte dieser integrirenden Moleküle der gasförmigen Körper sich wie die Dichten verhalten.

Avogadro wandte diesen Satz auf alle Gase, einfache wie zusammengesetzte, an. Nach seiner Auffassung waren also die integrirenden Moleküle nicht die eigentlich so genannten Atome, d. h. die kleinen Massen, die durch die chemische Kraft nicht mehr getheilt werden können, sondern Gruppen von Atomen, die durch Affinität vereinigt sind und durch die Wärme in Bewegung gesetzt werden. Mit einem Worte: sie waren, was man heute die Moleküle nennt. Da nun diese Moleküle in gleichen Volumen verschiedener Gase in gleicher Zahl enthalten sind, so mufs die Wärme ihre Entfernungen offenbar in gleicher Weise vermehren. Die Hypothese Avogadro's erklärt also, wie er selbst erörtert, die Thatsache,

---

[1]) Versuch eines Verfahrens zur Bestimmung der relativen Massen der Moleküle der Körper und der Verhältnisse, nach denen sie sich verbinden, von A. Avogadro. Journal de Physique, t. I, XXIII, p. 58; Juli 1811.

dafs dieselben Aenderungen der Temperatur und des Drucks
bei allen Gasen nahezu dieselben Aenderungen des Volum zur
Folge haben.

Diese richtige und einfache Auffassungsweise scheint der
Aufmerksamkeit der Zeitgenossen entgangen zu sein; sei es
nun, dafs es Avogadro an der nöthigen Autorität fehlte, sie
in Aufnahme zu bringen, oder dass er sie durch den Versuch seine Hypothese auch auf nicht gasförmige Körper auszudehnen in Mifscredit gebracht hat. Ampère hat diese Hypothese von neuem 1814 erörtert. Er nennt die integrirenden
Moleküle Avogadro's Partikel (*particules*), die Atome Moleküle.
„Ich bin von der Annahme ausgegangen,“ sagt [1]) er, „dafs beim
Uebergang der Körper in den gasförmigen Zustand nur ihre
Partikel durch die ausdehnende Kraft der Wärme getrennt
werden; die Entfernungen derselben sind dann viel zu grofs, als
dafs die Kräfte der Affinität und der Cohäsion noch eine
wahrnehmbare Wirkung auf sie äufsern könnten; sie hängen
demnach nur von der Temperatur und dem Drucke ab, unter
dem das Gas steht, und bei gleicher Temperatur stehen die
Partikel aller einfachen wie zusammengesetzten Gase gleich
weit von einander ab. Unter dieser Voraussetzung ist die Anzahl der Partikel dem Volum des Gases proportional.“

Diese Partikel, welche die Wärme in Bewegung setzt,
dachte sich Ampère aus einer gröfseren oder kleineren Anzahl Moleküle, wir würden sagen Atome, bestehend. Er ist
also wohl darauf bedacht, die Partikel von den Atomen, aus
denen sie bestehen, zu unterscheiden.

Eine solche Sonderung hat später nicht immer stattgefunden;
denn das Wort Atom ist oft in dem Sinne genommen worden,
den Ampère mit dem Worte Partikel verknüpfte. Der Chemiker,

---

[1]) Brief Ampère's an den Grafen Berthollet über die Bestimmung der Verbindungsverhältnisse der Körper nach der Zahl und relativen Anordnung der Moleküle, aus denen ihre integrirenden Theilchen
bestehen (Annales de chimie, 1re série, t. XC, p. 43; 30. April 1814).

welcher zur Aufnahme der atomistischen Theorie das Meiste
beigetragen hat, Berzelius, nahm mehrere Arten von Atomen,
einfache Atome und zusammengesetzte Atome an. Der letztere
Ausdruck, den man als fehlerhaft bezeichnen mufs, meinte
Ampère's Partikel. Man sagte also vor dreifsig Jahren:
„Gleiche Volume gasförmiger Körper enthalten bei gleicher
Temperatur und gleichem Druck eine gleiche Anzahl Atome."
In dem Sinne, den wir heute mit dem Worte Atom verbinden,
ist dieser Satz nur für eine gewisse Zahl einfacher Gase richtig,
für Sauerstoff, Wasserstoff, Chlor, Stickstoff u. a. Er trifft
nicht zu, wenn man ihn auf alle einfachen und auf die zusammengesetzten Körper im gas- oder dampfförmigen Zustande bezieht. Wir wissen heute, dank den Untersuchungen
von Dumas, dafs Phosphor-. Arsenik-. Quecksilberdampf
im selben Volum nicht dieselbe Anzahl Atome enthält wie
Wasserstoff-, Sauerstoff-, Stickstoffgas u. a. Das Gleiche
ist in Bezug auf die zusammengesetzten Körper zu bemerken.
Es enthält z. B. das Ammoniak 1 Atom Stickstoff und 3 Atome
Wasserstoff, d. h. 4 Atome, während Chlorwasserstoffgas in
demselben Volumen nur 1 Atom Wasserstoff und 1 Atom Chlor,
zusammen 2 Atome enthält. Und doch sind die zusammengesetzten Gase denselben Gesetzen der Ausdehnung unterworfen wie die einfachen. Ampère und Avogadro nahmen
Rücksicht auf beide. Sie nahmen an, dafs alle gasförmigen
Körper in demselben Volum dieselbe Anzahl Partikel enthalten, die sich in gleichen Abständen von einander befinden
und in gleicher Weise der Wirkung der Wärme unterliegen.
Diese Ansicht ist richtig. Sie ist aus den Untersuchungen
Gay-Lussac's hergeleitet; sie steht mit der Hypothese Dalton's
in Einklang; sie erklärt das physikalische Verhalten der Gase,
und doch hat sie nie die einmüthige Zustimmung der Chemiker erlangt. In ihrer Anwendung auf die Atome und in
der Fassung, die wir oben wiedergegeben haben, war sie
eine anschauliche, aber nicht ganz zutreffende Regel, und
erst in unsern Tagen hat sie einen richtigen Ausdruck und

eine consequente Durchführung erhalten. Die lichtvolle Auffassungsweise Avogadro's und Ampère's ist also vierzig Jahre lang für die atomistische Theorie fast unfruchtbar geblieben. Nichtsdestoweniger ist diese letztere in Aufnahme gekommen; aber die Anregung dazu kam von anderer Seite.

BERZELIUS.

Berzelius, Lavoisier's grosser Nachfolger, hat das System der dualistischen Chemie vollendet. Er hat der atomistischen Theorie durch ebenso scharfe als zahlreiche Atomgewichtsbestimmungen eine feste Grundlage und ·durch die Einführung von Formeln, die der dualistischen Ansicht entsprechen, eine neue Ausdrucksweise gegeben. Diese dualistische Auffassung hat er durch die elektro-chemische Hypothese zu erklären gesucht. Das ist in kurzen Worten der grosse Antheil an dem Fortschritt der Ideen, den wir ihm zuzuweisen haben.

I.

Jakob Berzelius wurde 1779 in Väfoersunda, im westlichen Gothland geboren. Er starb 1848 in Stockholm. Im Verlauf einer langjährigen, ganz der Wissenschaft gewidmeten Wirksamkeit erlangte er die unbestrittenste Autorität; alle Ehren, die einem Gelehrten zufallen können, wurden ihm zu Theil. Akademische Titel und Adelstitel, eine hohe Stellung im Unterricht und im Staat, Vermögen und Ansehen in der Welt, das Alles ist ihm in reichem Mafse geworden, ohne dafs darum seine Liebe zur Wissenschaft und sein Eifer sich verringert hätten. Er harrte bei der Arbeit bis zum letzten Tag aus. Trotz der grossen Zahl und Bedeutung seiner Entdeckungen hatte er seine Erfolge mehr der Ausdauer als dem Genie zu danken. Mit Bewunderung erfüllt bei seinen Arbeiten mehr die Genauigkeit der Beobachtungen und die logische Strenge seiner Deductionen als der Glanz und die Tiefe der Ideen. Er brachte die Methoden der Analyse zu einem bis dahin nicht

gekannten Grad von Vollkommenheit und formte somit selbst
das Werkzeug seiner gröfsten Entdeckungen.

Er hat die Oxyde des Ceriums,[1]) das Selen (1818),
die Thorerde (1828) kennen gelehrt, und das Silicium, das
Zirkonium, das Tantal rein dargestellt. Derartige Entdeckungen
nehmen wegen ihrer Wichtigkeit lebhaftes Interesse in Anspruch,
aber in Bezug auf den Fortschritt der theoretischen Ansichten ist ihre Bedeutung geringer gewesen, als die Untersuchungen zur Bestimmung der Atomgewichte, die Berzelius
dreifsig Jahre hindurch fortgeführt hat.

Dalton hatte im Jahre 1808, in seinem *New system of
chemical philosophy*, eine Tafel der Atomgewichte mitgetheilt
und darin das Atomgewicht des Wasserstoffs als Einheit angenommen. Die Zahlen, die er für die Atomgewichte von 17
anderen einfachen Stoffen angiebt, kommen bei einigen der
Wahrheit ziemlich nahe, weichen aber bei den meisten von den
richtigen Zahlen beträchtlich ab. Weniger bedeutend sind die
Abweichungen in der Tafel, die Wollaston im Jahre 1814
lieferte,[2]) in welcher die Atomgewichte oder vielmehr die Aequivalente (der Ausdruck rührt von Wollaston her) auf das
Aequivalent des Sauerstoffs bezogen sind, das er gleich 10
setzte. Die Tafeln, die Berzelius veröffentlicht hat, sind sowol vollständiger als auch genauer. Er bezog die Atomge-
gewichte auf das des Sauerstoffs, das er gleich 100 setzte.
Die Gewichtsmenge eines Metalls, die mit 100 Sauerstoff die
erste Oxydationsstufe bildet, wurde im Allgemeinen als das
Atomgewicht des Metalls angenommen. In einigen Fällen
wich er von dieser Regel ab, so bei einigen nicht metallischen Körpern und auch bei mehreren Metallen.

Wollaston hatte, von den Ideen Dalton's ausgehend, als
Atomgewicht des Wasserstoffs die Gewichtsmenge Wasserstoff
angenommen, die sich mit 10 Sauerstoff, das heifst mit 1 Atom
Sauerstoff verbinden kann. Mit andern Worten, die Atom-

---

[1]) In Gemeinschaft mit Hisinger 1803.
[2]) Annales de Chimie, XC, p. 138.

gewichte des Wasserstoffs und des Sauerstoffs entsprechen den
Gewichtsverhältnissen, in denen diese beiden Stoffe Wasser
bilden, da das Wasser durch die Vereinigung von 1 Atom oder
Aequivalent Wasserstoff mit 1 Atom oder Aequivalent Sauerstoff entsteht. Wie man sieht, waren hier die Ausdrücke
Atom und Aequivalent gleichbedeutend. Berzelius dagegen
nahm, von den Entdeckungen Gay-Lussac's ausgehend, an, dafs·
das Wasser, das sich durch Vereinigung von 2 Volumen
Wasserstoff mit 1 Volum Sauerstoff bildet, aus 2 Atomen
Wasserstoff und 1 Atom Sauerstoff besteht. Er nahm demnach als Atomgewicht des Wasserstoffs das Gewicht von
1 Volum des Gases an und bezeichnete das Gewicht von
1 Volum Sauerstoff mit 100.

So wurde der Unterschied zwischen Atom und Aequivalent in die Wissenschaft eingeführt. Sein Ursprung liegt
in den Entdeckungen Gay-Lussac's, wie sie von Avogadro und
Ampère gedeutet waren. Er tritt zum erstenmal in den
Atomgewichtstafeln von Berzelius hervor. Bei Dalton ent-
sprachen die Atome den Verhältnissen, nach denen die Körper
sich verbinden und die Atomgewichte fallen mit den Aequivalenten zusammen. Bei Berzelius stellen die Atome die Volume im Gaszustand dar, und die Atomgewichte sind nichts
anderes als die relativen Gewichte von gleichen Volumen der
Gase. Bei einer gewissen Anzahl gasförmiger Körper besteht
ein Aequivalent aus 2 Atomen: so nicht nur beim Wasserstoff, sondern auch beim Stickstoff, Chlor, Brom, Jod, wenn
man die letzteren im dampfförmigen Zustand betrachtet. Die
Atomgewichte dieser Stoffe entsprechen den Gewichten von
einem Volum; da aber 2 Volume Stickstoff, Chlor u. s. w.
erforderlich sind, um mit 1 Volum Sauerstoff die erste Oxydationsstufe zu bilden, so ist klar, dafs die Gewichte von 2 Volumen Stickstoff, Chlor u. s. w. die Aequivalente dieser Körper
auf Sauerstoff bezogen ausdrücken. Berzelius nahm an, dafs
die Atome des Wasserstoffs, Stickstoffs, Chlors, Broms, Jods
zu je zweien vereinigt sind. Er nannte diese Paare „Doppelatome" und dachte sie sich untrennbar vereinigt, so dafs sie

eben dem Aequivalent dieser Gase, d. h. der kleinsten Menge, die in Verbindungen eintreten kann, entsprechen. So enthielt nach seiner Ansicht das Wasser 1 Atom Sauerstoff, verbunden mit 1 Doppelatom Wasserstoff; die Chlorwasserstoffsäure 1 Doppelatom Wasserstoff, verbunden mit 1 Doppelatom Chlor; das Ammoniak 1 Doppelatom Stickstoff und 3 Doppelatome Wasserstoff. Kurz, keine Verbindung des Wasserstoffs, Chlors und Stickstoffs enthielt weniger als 2 Atome von diesen Elementen, da dies die kleinste Menge derselben ist, die in einer Verbindung vorkommen kann. Diese kleinste Menge entspricht ihrem Aequivalent. So bot die Vorstellung von Doppelatomen das Mittel, die früheren Ansichten mit den Entdeckungen Gay-Lussacs in Einklang zu bringen. Die Atomgewichte der gasförmigen Elemente drückten die relativen Gewichte ihrer Volume aus und bei einigen dieser einfachen Gase bildeten 2 Atome, was Dalton als ein Einzelatom betrachtet und was Wollaston ein Aequivalent genannt hatte.

Wenn die Principien, von denen Berzelius sich bei der Bestimmung seiner Atomgewichte leiten liefs, einen sicheren Fortschritt bezeichneten, so mufs doch andererseits zugestanden werden, dafs der Begriff der Doppelatome ihn zu nicht irrigen Ansichten über die Gröfse der Moleküle geführt hat. Ein Molekül Wasser entsteht freilich durch Vereinigung von 2 Atomen Wasserstoff mit 1 Atom Sauerstoff; aber keineswegs bilden auch 2 Atome Wasserstoff, wenn sie sich mit 2 Atomen Chlor vereinigen, 1 Molekül Chlorwasserstoffsäure, wie es Berzelius annahm. Ein solches Molekül wäre um das Doppelte zu grofs. Wir wissen heute, dafs das Molekül der Chlorwasserstoffsäure nur 1 Atom Chlor und 1 Atom Wasserstoff enthält, dafs im Molekül des Ammoniaks nur 1 Atom Stickstoff auf 3 Atome Wasserstoff enthalten ist. Diese Moleküle nehmen im Gaszustand dasselbe Volum ein wie ein Molekül Wasserdampf. Das ist die Auffassung, die sich aus der consequenten Durchführung der Volumtheorie ergiebt. Berzelius, einer der ersten, der diese neue Bahn betreten, hat sie nicht bis ans Ende verfolgt. Diese Ehre war Gerhardt vorbehalten.

Aber der grosse schwedische Chemiker hat der Theorie
noch einen wichtigen Dienst anderer Art geleistet. Wir verdanken ihm eine Zeichensprache, durch die sich die atomistische
Constitution der Körper wiedergeben läfst.

Die Alchemisten pflegten, um abzukürzen oder dunkel zu
reden, Zeichen statt der Namen zu gebrauchen, deren abson-
derliche Form bekannt ist. Es waren rein conventionelle Symbole, die nur an Worte erinnerten. Dalton schlug ein ratio-
nelleres Verfahren vor. Seine Zeichen drückten Atome aus.
Es waren kleine Kreise, die für jeden einfachen Stoff charak-
teristische Zeichen umfafsten: die des Wasserstoffs enthielten
einen Punkt im Centrum, die des Stickstoffs einen Strich, die
des Schwefels ein Kreuz und die des Sauerstoffs blieben leer.
Die Atome des Kohlenstoffs waren 'schwarz, wie es sich ge-
bührt; die der Metalle enthielten im Centrum den Buchstaben,
mit dem der entsprechende Name anfängt. Um zusammengesetzte Körper zu bezeichnen, stellte Dalton die Atome ihrer
Elemente zusammen. Das Wasser, das seiner Ansicht nach
aus 1 Atom Sauerstoff und 1 Atom Wasserstoff bestand, wurde
durch die nebeneinanderstehenden Symbole dieser beiden Atome
bezeichnet. Die Schwefelsäure bildete eine Gruppe von 4 kreis-
förmigen Atomen, von denen die drei Sauerstoffatome symmetrisch ein Schwefelatom umgaben. Die Essigsäure enthielt
6 Atome, 2 schwarze Kohlenstoffatome, die gewissermafsen die
Achse des Moleküls bildeten und jedes 1 Atom Sauerstoff und
1 Atom Wasserstoff neben sich stehen hatten.

Die Beziehungsweise war sinnreich und liefs an Klarheit
nichts zu wünschen übrig. Um die atomistische Zusammensetzung eines Körpers zu erkennen, genügte es, die Atome zu
zählen, die eins neben dem andern gleichsam zur Schau ausge-
stellt waren. Unbequem war bei dieser graphischen Darstellung
der Moleküle nur der grofse Raum, den sie auf dem Papier
einnahmen, sobald die Zusammensetzung der Körper ver-
wickelt wurde. Auch lag eine gewisse Willkür in der sym-
metrischen Anordnung, wie Dalton sie herzustellen bemüht
war. Berzelius wufste diese Nachtheile zu vermeiden. Er kam

auf den Gedanken, die Atome durch die Buchstaben zu bezeichnen, mit denen die lateinischen Namen der Elemente an-
fangen: O bezeichnete ein Atom Sauerstoff, H ein Atom Wasserstoff, K ein Atom Kalium, Sb ein Atom Stibium oder Antimon u. s. w. Die Verbindung von zwei verschiedenen Atomen
wurde durch zwei Buchstaben nebeneinander bezeichnet. Enthielt sie mehrere Atome desselben Elements, so trat zum
Symbol desselben ein Coefficient, der die Zahl der Atome
angab.

So wurde die Schwefelsäure durch die Formel SO^3, das
Ammoniak durch die Formel N^2H^6 bezeichnet. Ueberaus
einfach im Princip, konnte das System dieser Zeichensprache
für alle Hypothesen über die Gruppirung der Atome und für
die Deutung der complicirtesten Reactionen benutzt werden.

In den theoretischen Ansichten herrschte damals die dualistische Richtung; Berzelius führte sie in die Formelsprache
ein. Der Ausgangspunkt war die Theorie der Salze. Richter
hatte erkannt, dafs die Mengen verschiedener Basen, die
dasselbe Gewicht Säure neutralisiren, dieselbe Menge Sauerstoff
enthalten, und dafs demgemäfs für dieselbe Klasse von Salzen
ein constantes Verhältniss zwischen dem Sauerstoffgehalt der
Basis und der Menge der Säure besteht. Diesem richtigen Ausspruch fügte Berzelius noch eine Bemerkung hinzu, durch die
sie an Bestimmtheit und Vollständigkeit gewann. Er erkannte,
dafs für jede Art Salz ein constantes und einfaches Verhältnifs
zwischen dem Sauerstoff der Basis und dem Sauerstoff der
Säure besteht. In den schwefelsauren Salzen enthält die Säure
dreimal so viel Sauerstoff, in den kohlensauren zweimal so
viel Sauerstoff, in den salpetersauren fünfmal so viel Sauerstoff
als die Basis. Diese Gesetze der Zusammensetzung der Salze
wurden dann auf das Klarste durch die Zeichen wiedergegeben.
Die verschiedenen Sauerstoffverhältnisse entsprechen einer verschiedenen Anzahl von Atomen. Bezeichnet man demnach die
Zusammensetzung des Salzes durch die Zusammenstellung der
Formeln der Säure und des Oxyds, so mufs das Verhältnifs
zwischen den Sauerstoffmengen der beiden Bestandtheile offen-

bar durch die Zahl der Sauerstoffatome in beiden wiedergegeben
werden. Auf 3 Atome Sauerstoff in der Säure der schwefelsauren Salze müssen sie 1 Atom Sauerstoff im Oxyd enthalten.
Das Gesetz der Zusammensetzung der Salze, wie es Berzelius
entdeckt hat, kann demnach aus ihren Formeln ohne Weiteres
abgeleitet werden. [1])

Schon durch die Anordnung dieser Formeln, in denen auf
der einen Seite die Säure, also das Metalloid auftrat mit seinem
Gefolge von Sauerstoffatomen, auf der andern die metallische
Basis, in ihr der Sauerstoff, der mit dem Metall verbunden ist,
hat Berzelius dem dualistischen System eine Bestimmtheit der
Fassung gegeben, wie man sie vor ihm nicht kannte. Er hat
ferner das System durch eine wichtige Ausführung ergänzt,
indem er zeigte, dafs ebenso wie die Säuren mit den Oxyden,
so auch die Chloride und die Sulfide sich unter einander verbinden können. So vereinigt sich das Platinchlorid mit dem
Kaliumchlorid. Das so gebildete Doppelchlorid ist eine Art
Salz, ein Chlorosalz; in demselben spielt das Platinchlorid
die Rolle der Säure, das Kaliumchlorid die Rolle der Basis.

---

[1]) In den Formeln der Sauerstoffverbindungen begnügte sich Berzelius, die Sauerstoffatome durch Punkte über den Buchstaben zu bezeichnen. So schrieb er

Schwefelsaures Bleioxyd　　　　$SO^3 + PbO$ oder $\overset{\cdots}{S} \, \overset{\cdot}{Pb}$

Salpetersaures Kali　　　　　　$NO^3 + KO$ oder $\overset{\cdots}{N} \, \overset{\cdot}{K}$

Bei dieser Schreibweise sieht man deutlich, dafs ein schwefelsaures
Salz die Elemente eines Sulfids enthält, vermehrt um 4 Atome Sauerstoff, von denen drei an den Schwefel und eins an das Metall gebunden sind.

Die Gewichtsverhältnisse zwischen dem Metall und dem Schwefel
sind demnach im Sulfid und im Sulfat dieselben; und das mufs der Fall
sein, weil diese Gewichtsverhältnisse den Atomen entsprechen, deren
Gewicht unveränderlich ist. Berzelius wies das nach und bewährte somit durch die Erfahrung eine Consequenz der atomistischen Theorie.
Seine überaus zahlreichen und in hohem Grade genauen Analysen
gaben ihr eine feste Grundlage.

Ebenso giebt es Sulfide, die die Rolle von Säuren spielen können, andere, die sich wie Basen verhalten; aus ihrer Vereinigung gehen Sulfosalze hervor. In Zeichen wurde die Zusammensetzung dieser Salze ohne Sauerstoff durch zwei nebeneinanderstehende Formeln wiedergegeben, von denen die erste den sauren, die zweite den basischen Bestandtheil bezeichnete. So nahm das System an Bedeutung nicht allein durch den bündigen Ausdruck zu, den es in den atomistischen Formeln fand, sondern auch durch wichtige neue Thatsachen, die sich ihm unterordneten.

II.

Ein wissenschaftliches System ist dieses Namens in Wahrheit nur dann werth, wenn es keinerlei Art von wichtigen Thatsachen ausschliefst. Die dualistische Auffassung fand ihre Anwendung vorzugsweise in der Betrachtung der mineralischen Verbindungen. Es war jedoch nicht leicht, sie mit den Vorstellungen über die Constitution der organischen Verbindungen in Einklang zu bringen, zu denen man in jener Zeit gelangt war. Man wufste, dafs die näheren Bestandtheile im Organismus der Pflanzen und Thiere aus drei oder vier Elementen zusammengesetzt sind, aus Kohlenstoff, Wasserstoff und Sauerstoff, zu denen häufig noch der Stickstoff tritt. Man hatte unter allen diesen so verschiedenen Substanzen Körper kennen gelernt, die die Rolle von Säuren spielen, andere, die neutral erscheinen, endlich auch solche mit basischen Eigenschaften, die sich also mit Säuren zu bestimmten Salzen vereinigen können. In Betreff der organischen Säuren nahm Berzelius die Auffassung an, die schon Lavoisier ausgesprochen hatte. Die Pflanzensäuren enthalten ein Radical in Verbindung mit Sauerstoff, und dieses Radical enthält Kohlenstoff und Wasserstoff so vereinigt, dafs sie nur ein einziges Ganzes, die „Basis" bilden. Die Pflanzensäuren sind untereinander durch die Verhältnisse, in denen die Bestandtheile des Radicals vereinigt sind, und durch den Gehalt an Sauerstoff verschieden. Bei den

Säuren des Thierreichs ist die Zusammensetzung complicirter; in ihrem Radical ist mit dem Wasserstoff und Kohlenstoff oft noch Stickstoff, zuweilen auch noch Phosphor verbunden. So lauteten die Ansichten Lavoisier's. [1])

Die atomistische Theorie und die Fortschritte in der Analyse gestatteten Berzelius, sie zu erweitern und schärfer zu bestimmen. Er stellte zunächst die „Aequivalente" der wichtigsten organischen Säuren fest, d. h. die relative Größe ihrer Moleküle, indem er die respectiven Mengen dieser Säuren, die sich mit einem Aequivalent Bleioxyd oder Silberoxyd vereinigen, bestimmte. Durch die organische Analyse, deren Princip Gay-Lussac und Thenard angegeben hatten und deren Methode durch Chevreul kurz zuvor vervollkommnet war, erkannte Berzelius das Verhältniß der Elemente in den verschiedenen Säuren und also auch die Atomzahl der Elemente in ihren „Aequivalenten" oder Molekülen.

Durch Zusammenstellung der Kohlenstoff- und Wasserstoffatome oder der Kohlenstoff-, Wasserstoff- und Stickstoffatome bildete er die binären oder ternären Radicale für die Säuren oder allgemein die sauerstoffhaltigen Verbindungen organischen Ursprungs. Nach seiner Ansicht besteht das Radical der Ameisensäure, das er Formyl nannte, aus 2 Atomen Kohlenstoff und 3 Atomen Wasserstoff; das der Essigsäure, das er Acetyl nannte, aus 4 Atomen Kohlenstoff und 6 Atomen Wasserstoff. Aber das Formyl wie das Acetyl verbinden sich mit 3 Atomen Sauerstoff, um Ameisensäure und Essigsäure zu bilden. Man findet in dieser Auffassung die Ansichten Lavoisier's in der einfachen und bündigen Form wieder, die der Fortschritt der Wissenschaft ermöglicht hatte. Berzelius hat sie auf alle sauerstoffhaltigen Verbindungen angewandt. „Die organischen Substanzen", sagte er, „bestehen aus Oxyden von zusammengesetzten Radicalen." [2])

---

[1]) Traité de chimie, t. I. p. 197.

[2]) Lehrbuch der Chemie; dritte deutsche Auflage. B. II, S. 125. Die Annahme organischer Radicale ist von Berzelius zuerst 1817

Unter diesen Oxyden hat vor allem der Aether, das Product der Einwirkung der Schwefelsäure auf den Alkohol, zu wichtigen Arbeiten und lebhaften Discussionen Veranlassung geboten. Er ist seit Jahrhunderten bekannt und hat einer zahlreichen Klasse von Verbindungen, die man als Aetherarten bezeichnete, den Namen gegeben. Die Beziehungen zwischen diesem Stoff und dem Alkohol waren im Jahr 1816 von Gay-Lussac festgestellt und folgendermafsen bezeichnet worden: beide Substanzen enthalten 2 Volume ölbildendes Gas, im Alkohol mit 2 Volumen, im Aether mit 1 Volum Wasserdampf verbunden.

Dumas und Boullay haben dann über die sogenannten zusammengesetzten Aether eine Epoche machende Arbeit veröffentlicht. Sie erkannten, dafs diese Körper die Elemente einer Säure in Verbindung mit genau 2 Volumen ölbildendem Gas und 1 Volum Wasserdampf, d. h. mit den Bestandtheilen des Aethers verbunden enthalten. Sie nahmen für das ölbildende Gas ein in gewissen Grenzen dem des Ammoniaks analoges Verhalten an und verglichen demgemäfs die Aether mit den Ammoniaksalzen. Zum erstenmal wurde hier in der organischen Chemie eine Reihe von analogen Erscheinungen durch die Theorie zusammengestellt und die Thatsachen bezüglich der Bildung, der Zusammensetzung, der Metamorphosen einer ganzen Klasse von Körpern in einfacher Weise mit Hilfe von atomistischen Formeln und Gleichungen gedeutet.

Dieser Theorie der Aether stellte Berzelius einige Jahre später eine andere gegenüber. Er verglich sie mit den eigentlichen Salzen und nahm demgemäfs in ihnen ein organisches Oxyd an, und dies Oxyd war eben der Aether selbst. Der Aether enthielt nach Berzelius ein aus 4 Atomen Kohlenstoff und 10 Atomen Wasserstoff bestehendes Radical. Im Aether ist dieses Radical, das Liebig Aethyl nannte, mit 1 Atom Sauerstoff verbunden. Aber das Aethyl kann sich auch mit dem

---

in der zweiten schwedischen Ausgabe seines Lehrbuchs erörtert worden.

Chlor und andern einfachen Körpern vereinigen. Es bildet so ein Chlorid oder andere binäre Verbindungen. Das Aethylchlorid ist nichts anders als der Salzsäureäther, der seit langer Zeit bekannt war. Der gewöhnliche Aether, das Aethyloxyd, kann sich wie die metallischen Oxyde mit dem Wasser verbinden und so ein Hydrat. den Alkohol, bilden. Ebenso kann es mit den wasserfreien Säuren zur Bildung wirklicher Salze — der zusammengesetzten Aether — zusammentreten. Alle diese Verbindungen sind binär. [1]) Das sind die Hauptzüge der schönen Betrachtungsweise, durch die die glänzendste Epoche in der Theorie der organischen Radicale bezeichnet wird.

Diese Theorie hat zu einem lange fortgesetzten Streit Veranlassung gegeben. Sie nimmt, sagten ihre Gegner, das Bestehen zahlreicher Körper rein hypothetisch an. Denn am Ende sind doch das Aethyl und so viele andere Radicale Verstandesschöpfungen, denen keine wirkliche Existenz entspricht. Man wird sie entdecken, erwiderten die Vertheidiger. Hat nicht Gay-Lussac das Cyan abgeschieden? Hat er nicht nachgewiesen, dafs dieser zusammengesetzte Stoff, der aus Kohlenstoff und Stickstoff besteht, sich wie ein einfacher Körper verhält? Und weifs man nicht auch, dafs die schweflige Säure sich direct mit dem Sauerstoff verbindet, das Kohlenoxyd mit dem Chlor und mit Sauerstoff? Diese Argumente waren nicht leicht abzuweisen.

---

[1]) Um die Rolle des Aethyls als Radical zu verdeutlichen, geben wir hier die Formeln, mit denen Berzelius einige Aethylverbindungen bezeichnete, und stellen die der entsprechenden Verbindungen eines Metalls, wie Kalium, gegenüber. In diesen Formeln bezeichnen die durchstrichenen Buchstaben Doppelatome (S. 38).

Aethylverbindungen.

$C^4 H^5$ Radicaläthyl.

$C^4 H^5 . \overline{Cl}$ Aethylchlorid.

$C^4 H^5 . O$ Aethyloxyd (Aether).

$C^4 H^5 . O + HO$ Aethyloxydhydrat (Alkohol).

$C^4 H^5 . O + C^4 H^3 O^3$ essigsaures Aethyloxyd (Essigäther).

Kaliumverbindungen.

K Radical Kalium.

$K \overline{Cl}$ Kaliumchlorid.

KO Kaliumoxyd.

$KO + HO$ Kaliumoxydhydrat (kaustisches Kali).

$KO + C^4 H^3 O^3$ essigsaures Kaliumoxyd.

Die Entdeckung des Kakodyls durch Bunsen hat ihnen später noch gröfseres Gewicht verliehen. Kein schlagenderes Beispiel konnte den Gegnern der Radicaltheorie entgegengestellt werden als dieser aus Kohlenstoff, Wasserstoff und Arsenik zusammengesetzte Körper von so aufserordentlicher Verbindungsfähigkeit, dafs er sich direct und in mehreren Stufen mit dem Sauerstoff, dem Schwefel und Chlor vereinigt, an der Luft von selbst verbrennt und sich im Chlor entzündet, wie das Arsenik selbst. Dem Cyan und dem Kakodyl die Bezeichnung Radical streitig zu machen, diesen zusammengesetzten Körpern eine Kraft abzuerkennen, die einfache Körper aneinander anzieht — hiefs das nicht den Augenschein leugnen? Dennoch hat man vom einseitigen Standpunkt einer andern berühmten Theorie, der Substitutionstheorie, den Versuch gemacht, dies zu thun. Von ihr werden wir weiterhin zu reden haben.

Aber die Theorie der Radicale hat ihre Stellung behauptet. Sie ist sogar in der Folge mit verjüngter Kraft in die Schranken getreten, und das Geräusch dieser ersten Kämpfe war kaum verhallt, als sie zu gleicher Zeit mit ihrer Rivalin zu unerwartetem Aufschwung gelangte und sich dann mit ihr verbündete. Aber wir stehen bei ihrem ersten Auftreten und wollen näher verfolgen, wie Berzelius sie benutzt hat, um zu vollenden, was er unternommen hatte: nämlich die Einführung der in der Mineralchemie herrschenden Ansichten in die organische Chemie. Die Vergleichung des Aethers mit den Oxyden der Mineralchemie war ein überaus glücklicher Griff gewesen. In der Zusammenstellung des Alkohols mit dem Hydrat der zusammengesetzten Aether und Salze war die Möglichkeit gegeben, die Zusammensetzung aller derartigen Körper durch dualistische Formeln auszudrücken.

Man unterschied damals in der Chemie Verbindungen erster Ordnung, die durch Vereinigung zweier einfacher Körper, und Verbindungen zweiter Ordnung, die durch Vereinigung binärer Verbindungen gebildet waren. Das Aethyloxyd und Aethylchlorid, dem Oxyd und Chlorid des Kaliums vergleichbar, erschienen als Verbindungen erster Ordnung. Das Aethyloxydhydrat (Alkohol) und das essigsaure Aethyloxyd (Essigäther) waren binäre Verbindungen zweiter Ordnung; denn die erste war aus Aethyloxyd und Wasser, die zweite durch Vereinigung von Aethyloxyd mit Essigsäure entstanden. Diese Verbindungen enthielten zwei Bestandtheile, und ihre Formeln zwei Glieder. Zwischen diesen Formeln und denen der entsprechenden Kaliumverbindungen war kein anderer Unterschied, als dafs an der Stelle des einfachen Radicals Kalium in den letzteren das zusammengesetzte Radical Aethyl in den ersteren auftritt. Analogien derselben Art wurden für andere Körper nachgewiesen: die Essigsäure, die aus 1 Atom Acetyl und 3 Atomen Sauerstoff bestand, wurde mit der Schwefelsäure aus 1 Atom Schwefel und 3 Atomen Sauerstoff verglichen. Es war dies ein erster Versuch, einen Bund zwischen der organischen und der Mineralchemie herzustellen, die man so innig als möglich zu verknüpfen wünschen mufste.

Der Bau, den Lavoisier auf breiter Grundlage aufgeführt hatte, konnte diese schöne Krönung tragen. Hatte doch der Gründer selbst diese Erweiterung seines Werkes vorgesehen. Seine Ansicht von den organischen Radicalen findet sich, in schärferer Bestimmung ausgeführt, in der lichtvollen Auffassung von Berzelius wieder.

Aber zu der Zeit, von welcher wir reden, waren keineswegs alle Chemiker über die Natur der organischen Radicale derselben Ansicht. Die Einen schlossen nach dem Vorgang von Berzelius den Sauerstoff von den Radicalen aus; Andere nahmen an, er könne zu ihnen gehören. Die letztere Ansicht fand ihren Stützpunkt in einer schönen Arbeit, die im Jahr 1828 zwei junge Chemiker veröffentlichten, Beide damals Neulinge in der Wissenschaft, in der sie tiefe Spuren ihrer Forscherthätigkeit bald vereint, bald gesondert hinterlassen sollten. Beim Studium des Bittermandelöls entdeckten Wöhler und Liebig eine Reihe von Verbindungen, die theils mit diesem Oel, theils mit einer Säure des Benzoëharzes, die man Benzoësäure nannte, in den augenscheinlichsten Verwandtschaftsbeziehungen standen.

Diese Beziehungen wurden auf sehr glückliche Art durch
Annahme eines gemeinsamen, aus Kohlenstoff, Wasserstoff und
Sauerstoff bestehenden Radicals in allen diesen Verbindungen
angedeutet. Das Bittermandelöl wurde als Verbindung dieses
Radicals mit Wasserstoff bezeichnet. Wird dieses Element
durch Chlor vertreten, so wird aus dem Benzoylwasserstoff
Benzoylchlorid. Bei Berührung mit Wasser setzt sich das
Chlorid in Chlorwasserstoffsäure und Benzoyloxyd um, das
mit den Elementen des Wassers verbunden bleibt und Benzoyloxydhydrat bildet. Dies Hydrat ist nichts anders als die Benzoësäure selbst. Ueberdies entsteht dieser Körper auch durch
directe Verbindung des Sauerstoffs mit dem Benzoylwasserstoff,
d. h. mit dem Bittermandelöl. Alle diese Reactionen und
andere, die hier aufzuzählen zu weit führen würde, rechtfer-
tigten den Schlufs, dafs das Bittermandelöl und seine zahlreichen Derivate gewissermafsen einen gemeinsamen Kern enthalten, der in ihnen in Verbindung mit Wasserstoff, mit Chlor,
Brom, Schwefel, Sauerstoff auftritt und durch doppelte Zersetzung aus einer Verbindung in die andere unverändert übergeht. Diese doppelte Eigenschaft gestattete, den Benzoylkern
als ein Radical zu betrachten, obgleich man nicht im Stande
gewesen war, ihn zu isoliren. [1])

Die Theorie des Benzoyls trat mit entschiedenem Erfolg
in der Wissenschaft auf. Sie trug den Stempel einer guten
Hypothese. Sie verknüpfte die Thatsachen in einfacher Weise
und schlofs die Keime grofser Fortschritte ein. Berzelius, der
sie anfangs günstig aufgenommen hatte, wies sie später ab

---

[1]) Die Hypothese eines Radicals Benzoyl wird durch folgende
Formeln in der Schreibweise von Berzelius noch verdeutlicht werden:

$C^{14} H^5 O^2$ Benzoyl.

$C^{14} H^5 O^2 . H$ Benzoylwasserstoff (Bittermandelöl).

$C^{14} H^5 O^2 . \overline{C}l$ Benzoylchlorid.

$C^{14} H^5 O^2 . O$ Benzoyloxyd (Benzoësäureanhydrid).

$C^{14} H^5 O^2 . S$ Benzoylsulfid.

$C^{14} H^5 O^2 . O + HO$ Benzoyloxydhydrat (Benzoësäurehydrat).

$C^{14} H^5 O^2 . O + KO$ Benzoësaures Kali.

und kam auf seine erste Ansicht von den sauerstofffreien Radicalen zurück, die nun bis zum Uebermaſs durchgeführt
wurde. Zwanzig Jahre später wurde der Theorie des Benzoyls
für diese Vernachlässigung Genugthuung zu Theil. Man findet
ihre Spuren deutlich in den theoretischen Betrachtungen Williamson's und Gerhardt's wieder.

III.

Die vorhergehenden Erörterungen zeigen, wie die dualistische Anschauung durch die Theorie der Radicale in die
organische Chemie eingedrungen ist; durch die elektro-chemische Theorie aber gelangte sie — dank den Bemühungen
und der Autorität von Berzelius — auch in der Mineralchemie
zu unbeschränkter Herrschaft.

Berzelius ist nicht der erste Urheber dieser Theorie, obwol seine Untersuchungen ihre experimentelle Grundlage
bilden. Die Arbeiten von Nicholson und Carlisle über die
Zerlegung des Wassers durch die Volta'sche Säule, die Beobachtungen Cruikshank's über die Veränderungen, die die
Pflanzenfarben durch den Strom erleiden, boten nur isolirte
Thatsachen dar, als Berzelius und Hisinger im Jahr 1803
den zersetzenden Einfluſs der galvanischen Elektricität auf
eine grofse Zahl chemischer Verbindungen, namentlich auf
die Salze, kennen lehrten. Es ist bekannt, mit welchem Erfolge Davy seit dem Jahre 1806 ähnliche Untersuchungen
unternahm. Die Entdeckung der Alkalimetalle ist das glänzende experimentelle Resultat, eine neue Ansicht über die
Affinität das theoretische Ergebniſs, zu dem sie führten.

Davy nahm an, daſs die Körper, zwischen denen chemische
Verwandtschaft besteht, sich in entgegengesetzten elektrischen
Zuständen befinden. Der eine sei elektro-positiv, der andere
elektro-negativ. Vermöge dieser entgegengesetzten elektrischen
Spannungen verbänden sie sich, und die Energie, mit welcher
diese Verbindung vor sich geht und die das Maſs für die Affinität
der Bestandtheile abgiebt, sei diesen Spannkräften proportional.

Dieselbe Kraft, die die elektrischen Anziehungen und Ab-
stofsungen hervorruft, beherrsche also auch die chemischen
Wirkungen, mit dem Unterschiede, dafs sie im ersteren Fall die
Körper in ihrer ganzen Masse, im zweiten dagegen ihre
kleinsten Theile beeinflufst. Volta hatte gezeigt, dafs zwei
Metalle, die sich berühren, Elektricität entwickeln und dabei
eine entgegengesetzte elektrische Spannung annehmen. Davy
machte darauf aufmerksam, dafs dieser elektrische Zustand bei
der Berührung aller Körper wahrgenommen wird, die chemische
Verwandtschaft zu einander haben, und dafs die Spannung um
so stärker ist, je energischer ihre Verwandtschaften sind.
Die Verbindung, d. h. die innige Annäherung der Theilchen,
ist demnach das Ergebnifs elektrischer Anziehung. Die Theilchen, die bei ihrer Berührung entgegengesetzte Spannungen
angenommen haben, lagern sich nebeneinander, und ihre Vereinigung bewirkt die Neutralisation der entgegengesetzten Elektricitäten.

Nach Davy sind die Wärme und das Licht, welche bei der
Verbindung vieler Körper entstehen, Aeufserungen der Elektricität, in ähnlicher Weise wie der elektrische Funke: sie sind,
so zu sagen, die Zeugen jenes Austausches der Elektricitäten,
der beim Vorgang der chemischen Verbindung stattfindet. Die
Zerlegung der Körper endlich, wie sie durch die Säule stattfindet, giebt den Elementen die entgegengesetzten elektrischen
Zustände wieder, die ihnen vor ihrer Vereinigung eigenthümlich
waren, und scheidet sie an den Polen ab, deren Spannung die
umgekehrte der ihrigen ist.

Das ist in kurzen Worten die erste elektro-chemische
Theorie. Berzelius nahm ihre Grundidee an und gab ihr eine
neue Form.

Im Anschlufs an einen Gedanken, den schon Schweigger
ausgesprochen hatte, nahm er an, dafs die Atome aller Körper
zwei Pole haben, an denen sich Elektricität anhäuft und zwar
in nicht immer gleich grofsen Mengen. Je nachdem die eine
oder die andere Elektricität an dem einen Pol überwiegt, ist
das Atom elektro-negativ oder elektro-positiv, und die Quan-

titäten der Elektricität, die in dieser Weise an dem einen Pol
vorherrschen, sind keineswegs für die Atome der verschiedenen
Körper dieselben. Mit andern Worten, die Atome aller Körper
sind in verschiedener Weise elektrisch polarisirt, und ihre Polarität kann mit der Temperatur eine andere werden.

Verbindet sich ein Körper mit dem andern, so lagern sich
die Atome mit ihren widersprechenden Polen aneinander und
tauschen so die angehäuften entgegengesetzten Elektricitäten
aus. Dieser Austausch erzeugt eine mehr oder minder vollständige Neutralisirung und ruft Wärme- und Lichterschei-
nungen hervor.

Berzelius hat demgemäfs die einfachen Körper in elektro-
negative und elektro-positive eingetheilt. In den erstern überwiegt die negative, in den andern die positive Elektricität.
Nach der Stärke der überwiegenden Spannung werden sie in
beiden Reihen geordnet. Aber die elektrische Reihenfolge bezeichnet nicht die Rangordnung ihrer Affinitäten. So besitzt der
Sauerstoff, der elektro-negativste aller Körper, mehr Verwandtschaft zum Schwefel, der in der elektrischen Reihe neben ihm
steht, als zum Golde, das elektro-positiv ist. Berzelius erklärte
diese Thatsache durch die Annahme, die Affinität sei von der Intensität der Polarisation, d. h. von der absoluten Menge der an
beiden Polen angehäuften Elektricität abhängig. Beim Schwefel
sei diese Menge weit beträchtlicher als beim Golde. Der positive Pol des Schwefelatoms enthalte eine weit gröfsere Menge
positiver Elektricität als der positive Pol des Gold-Atoms,
und da die Atome sich mit den entgegengesetzten Polen an-
ziehn, so müsse offenbar der Schwefel auf den Sauerstoff eine
stärkere Anziehung ausüben als das Gold.

Man ersieht ferner, dafs der Schwefel den Sauerstoff
nicht neutralisiren kann, weil einerseits die positive Elektricität des Schwefelatoms nicht ausreicht, um die negative Elektricität des Sauerstoffatoms zu binden, während andrerseits das
Schwefelatom in die Verbindung einen beträchtlichen Ueber-
schufs an negativer Elektricität mitbringt, die an dem einen
seiner Pole angehäuft ist. Es geht daraus hervor, dafs das

Product der Verbindung selbst elektro-negativ sein muſs. Es
entsteht eine starke Säure, die Schwefelsäure. So entstehen
die Säuren im allgemeinen aus der Vereinigung eines elektro-
negativen Körpers mit dem Sauerstoff, die Basen aus der Vereinigung desselben mit einem stark elektro-positiven Körper.
An der Spitze der elektro-positiven Reihe stehen die Alkali-
Metalle. Ihre Verbindungen mit dem Sauerstoff sind die
stärksten Basen, und die kräftige Verwandtschaft dieser Basen
zu den Säuren rührt gerade von dem Gegensatz ihrer elektrischen Zustände, von der Intensität ihrer Polarisation her.

Es ist kaum nöthig, besonders darauf hinzuweisen, auf
wie festen Grund die dualistische Anschauung durch eine
solche Theorie gestellt wurde. Jeder zusammengesetzte Körper
besteht aus zwei Elementen, einem elektro-positiven und
einem elektro-negativen. Wie glänzend bestätigten sich damit
die Ideen Lavoisier's, insbesondere seine Theorie der Salze!
Man sieht, sagte der Meister, daſs in den Salzen die Elemente
der Säure neben denen der Basis gesondert und nicht mit ihnen
gemengt sind. Denn wenn wir der zersetzenden Wirkung des
Stroms ein Salz wie das schwefelsaure Natron unterwerfen,
so begiebt sich die Schwefelsäure oder der elektro-negative
Bestandtheil an den positiven Pol und das Natron oder
der elektro-positive Bestandtheil an den negativen Pol. Wenn
das schwefelsaure Kupferoxyd durch den Strom zerlegt wird,
so scheidet sich am negativen Pol nicht das Kupferoxyd ab,
sondern das metallische Kupfer, weil das Oxyd in diesem
Fall weiter in seine Elemente, Sauerstoff und Kupfer, zerlegt und der Sauerstoff mit der Säure am positiven Pol frei
wird. So schienen die dualistischen Formeln der Salze nicht
nur durch die Synthese dieser Verbindungen, ihre gewöhnliche
Bildungsweise, sondern auch durch ihre Zerlegung vermittelst
des elektrischen Stroms unterstützt zu werden. Wir wissen
jetzt, daſs dieses Argument falsch ist, daſs es sich vielmehr gegen
die dualistische Hypothese über die Constitution der Salze
verwenden läſst. Wir wissen, daſs bei der Elektrolyse des
schwefelsauren Natrons wie bei der des schwefelsauren Kupfer-

oxyds nicht das Oxyd, sondern das Metall, das Natrium, am
negativen Pol abgeschieden wird, und dafs das freie Alkali
erst infolge einer secundären Wirkung auftritt, der Zerlegung
des Wassers durch das Natrium an der negativen Elektrode.
Wir wissen, dafs die Thatsachen betreffs der gleichartigen
Wirkung des Stroms auf die Salzlösungen der dualistischen
Hypothese, die in den Salzen das Bestehen eines fertig gebildeten Oxyds annimmt, widersprechen.

Aber im Jahre 1830 wufste man das nicht, und alle
Chemiker nahmen Berzelius' elektro-chemische Hypothese an.
Der Versuch über die elektrolytische Zerlegung des schwefelsauren Natrons war klassisch geworden. Er wurde in allen
öffentlichen Vorlesungen ausgeführt und zugunsten der damals allgemein verbreiteten Ansichten über die Constitution
der Salze angerufen.

Das dualistische System war zu jener Zeit auf seinem Höhe-
punkt angelangt. Und in der That ist die Hypothese Lavoisier's über die Constitution der Salze, die ihm zu Grunde lag,
so einfach, sie giebt so gut die meisten Thatsachen wieder,
die über die Bildungsweise und die Zersetzung der Salze
bekannt sind, dafs alle Geister ihrer Macht sich beugten. Sie
herrschte in den Büchern, sie übte unbeschränkte Herrschaft
über den Unterricht aus, sie regte zu den gröfsten Entdeckungen an. Sie hatte eine Geschichte und hatte, was mehr
ist, Traditionen. „Die Gewohnheit einer Meinung ruft oft die
Ueberzeugung hervor, sie müsse richtig sein." So hatte Berzelius sich geäufsert, und diese Worte lassen sich auf seine
eigenen Meinungen anwenden. Die letzteren haben so lange
geherrscht, dafs man sich, ohne es zu merken, gewöhnt hatte,
als erwiesene Wahrheit anzusehen, was nur Hypothese war.
Als Beweis kann die allgemeine Ungläubigkeit dienen, mit
der die Hypothese Davy's über die Constitution der Salze
aufgenommen wurde. Dulong machte sich diese Hypothese
zueigen, und wir werden weiterhin auf sie zurückkommen.
Schlimmer noch erging es den Ansichten Longchamp's; nicht

mit Unglauben, mit Geringschätzung nahm man sie auf.
Und doch sind Davy und Dulong die Vorläufer Laurent's und
Gerhardt's gewesen, und wenn man mit Aufmerksamkeit die
Formeln prüft, durch die heute die atomistische Constitution
der Salze ausgedrückt wird, so kann man in ihnen die Spur
von Longchamp's Ansichten wiederfinden. [1])

---

[1]) Berzelius und alle Anhänger der Lavoisier'schen Salztheorie
nahmen an, dafs die wasserhaltigen Säuren die Elemente der wasserfreien Säuren, vermehrt um die Elemente des Wassers, und dafs die
Salze die Elemente von wasserfreien Säuren, vermehrt um die Elemente
von Oxyden, enthalten. So wurden nach der Schreibweise von Berzelius die Schwefelsäure und die Kali- und Bleisulfate durch folgende
Formeln bezeichnet:

Schwefelsäure oder Wassersulfat . $SO^3 + H^2O$
Kalisulfat . . . . $SO^3 + KO$
Bleisulfat . . . . $SO^3 + PbO$.

Diese Schreibweise zeigt, dafs die Elemente des Wassers, des Kalium-
oxyds und des Bleioxyds einfach zu den Elementen der wasserfreien
Säure hinzutreten, ohne in sie aufzugehen.

Longchamp nahm dagegen an, dafs das Oxyd der wasserfreien
Säure ein Atom Sauerstoff entzieht, um sich in ein Superoxyd zu verwandeln, das mit der desoxydirten Säure verbunden bleibt.

Er drückte also die Zusammensetzung obiger Verbindungen durch
folgende Formeln aus

Schwefelsäure . . . . $SO^2 + H^2O^2$
Kalisulfat . . . . $SO^2 + K^2O^2$
Bleisulfat . . . . $SO^2 + PbO^2$

Die Formel $SO^2 + PbO^2$ beruhte auf der Thatsache, dafs schwefelsaures Bleioxyd entsteht, wenn schwefligsaures Gas auf Bleisuper-
oxyd wirkt.

Wir wissen jetzt, dafs die 2 Atome Wasserstoff der Schwefelsäure

$$SO^4H^2 = SO^2 . O^2H^2$$

zu je einem Atom Sauerstoff in Beziehung stehn, und dafs diese beiden
Sauerstoffatome eine andere Rolle spielen als die beiden andern, die
dem Sulfuryl SO^2 angehören. Dieses Radical ist zweiatomig: es verbindet sich mit 2 Atomen Chlor, und das Sulfurylchlorid bildet bei
Einwirkung von Wasser Schwefelsäure

IV.

Um die Zeit, da die Autorität, welche Berzelius so lange
ausgeübt hat, im ersten Aufblühen war, da die Mineralchemie
vollendet erschien und alle Bemühungen darauf gerichtet waren,
die organische Chemie nach dem Vorbild der älteren Schwester
zu gestalten, beschäftigte sich ein junger Gelehrter in Genf
mit Untersuchungen über verschiedene Gegenstände der Phy-
siologie, dem Vorspiele von Entdeckungen, die die Chemie in
neue Bahnen führen sollten. Dumas ist in Alais im Jahr
1800 geboren; kaum zwanzigjährig, veröffentlichte er mit
Benedict Prevost jene noch heute klassischen Untersuchungen über das Blut. Im Jahre 1821 kam er nach Paris, wo
er sich ganz der Chemie widmete und bald Arbeiten von der
höchsten Bedeutung in Angriff nahm. Die selbständige Entwicklung der organischen Chemie und die Reform der Mineralchemie mit Hilfe der dort gewonnenen Fortschritte ist die
Losung der neuen Aera, die mit Dumas beginnt. Er hat
zuerst die Aufgabe gestellt, aber er hat ihre Lösung nicht
vollendet. Tüchtige Genossen haben mit ihm und nach ihm
die Hand ans Werk gelegt, und unter ihnen glänzen in

$$SO^2 \begin{cases} Cl \\ Cl \end{cases} \qquad SO^2 \begin{cases} OH \\ OH \end{cases}$$

Sulfurylchlorid   Schwefelsäure.

Die Schwefelsäure erscheint dieser Auffassung gemäß als eine Verbindung von Sulfuryl mit 2 Gruppen OH oder Hydroxyl. Longchamp
betrachtete sie als Schwefligsäure-Gas (Sulfuryl) in Verbindung mit
oxydirtem Wasser O^2H^2.

Gewiß sind diese beiden Betrachtungsweisen verschieden, aber
man wird zugestehen, daß sie einen Berührungspunkt haben. Es genügt, um sich davon zu überzeugen, einen Blick auf die atomistischen
Formeln der Sulfate zu werfen, die mit denen Longchamp's beinahe
identisch sind:

Schwefelsäure . . . . $SO^2 . O^2 H^2$

Kalisulfat . . . . $SO^2 . O^2 K^2$

Bleisulfat . . . . $SO^2 . O^2 Pb''$

erster Reihe Laurent und Gerhardt, die nur zu bald wieder
vom Schauplatz abgetreten sind, deren Namen aber in der
Geschichte der Wissenschaft unauslöschlich prangen. Aus den
vereinten Bemühungen dieser drei Gelehrten ist die neue französische Schule hervorgegangen. Berzelius war ihr Gegner
vom ersten Tage an, Dumas lange Zeit hindurch ihr Führer
und Vertreter. Noch ist jener denkwürdige Streit unvergessen,
in welchem er den grofsen Vertheidiger des Dualismus und der
elektro-chemischen Theorie in seinen innersten Anschauungen
anzugreifen wagte. Dumas war es, der dem ersten Angriff
Stand hielt und die Last des scheinbar hoffnungslosen Kampfes
siegreich aufnahm. Mit Recht wird man daher den seinen
Berzelius' grofsem Namen an die Seite stellen.

Unter den vielen Arbeiten, die er veröffentlicht hat, können
wir nur diejenigen hervorheben, die einen entscheidenden Einflufs auf die theoretische Entwicklung der Wissenschaft ausgeübt haben. Wir erwähnen von den frühesten seine Untersuchungen über die Dampfdichten, die der Physik eine neue
Methode und der Chemie ein reiches Material zur Erörterung
der Hypothese Avogadro's und Ampère's geliefert haben.

Die wichtigsten Entdeckungen Dumas' rühren aus dem Jahre
1834 her. Er studirte in dieser Zeit die Wirkung des Chlors
auf verschiedene organische Substanzen. Der Gegenstand war
beinahe neu; man kann darüber bis dahin nur eine Beobachtung Gay-Lussac's, welcher bei einer Untersuchung über die
Einwirkung des Chlors auf das Wachs beobachtet hatte, dafs
dieses Wasserstoff verliert und für jedes austretende Volum
Wasserstoff ein Volum Chlor aufnimmt. Dumas machte eine
analoge Beobachtung in Bezug auf die Einwirkung des Chlors
auf das Terpentinöl, auf das Oel der Holländischen Chemiker
(1831) und später auf den Alkohol. In einer Abhandlung,
die er am 13. Januar 1834 in der Akademie der Wissen-
schaften las, sprach sich Dumas folgendermafsen aus:

„Das Chlor hat die merkwürdige Fähigkeit, den Wasserstoff gewisser Körper an sich zu ziehen und ihn Atom für
Atom zu ersetzen."

Es ist kaum möglich, einem neuen Gedanken einen bestimmteren Ausdruck zu geben. Aber in der Abhandlung, von der wir reden, sah sich der Verfasser veranlafst, eine Einschränkung hinzuzufügen; denn er hatte das seltene Glück und das Verdienst, die Gesetze der Substitution bei der Erforschung eines Falls zu entdecken, in welchem ausnahmsweise diese Gesetze nicht in voller Klarheit zur Wirkung kommen. In der That ist das Chloral, das letzte Product der Einwirkung des Chlors auf den Alkohol, kein Substitutionsproduct dieses Körpers. Dennoch ist Dumas durch Zusammenstellung seiner sämmtlichen Beobachtungen und unter Berücksichtigung der letzterwähnten zur Aufstellung folgender Regeln gelangt.

1. Wenn ein wasserstoffhaltiger Körper der wasserstoffentziehenden Wirkung des Chlors, Broms, Jods, Sauerstoffs u. s. w. ausgesetzt wird, so nimmt er für jedes austretende Wasserstoffatom ein Atom Chlor, Brom oder Jod oder ein Halbatom Sauerstoff auf.

2. Wenn der wasserstoffhaltige Körper Sauerstoff enthält, so findet dieselbe Regel sich unverändert wieder.

3. Wenn der wasserstoffhaltige Körper Wasser enthält, so verliert dieses seinen Wasserstoff, ohne dafs irgend welche Vertretung stattfände; wird ihm dann noch weiter Wasserstoff entzogen, so wird diese weitere Menge wie in den ersten beiden Fällen vertreten.

Diese Regeln sind rein empirisch — Dumas selbst macht darauf aufmerksam und legt Gewicht darauf. Zur Zeit, wo er sie aufstellte, wollte er nichts weiter als die Thatsache der Vertretung des Wasserstoffs durch das Chlor constatiren, ohne darauf einzugehen, welche Stelle das letztere Element in den neugebildeten Verbindungen einnimmt und welche Rolle es in ihnen spielt. Laurent hat zuerst die Hypothese aufzustellen gewagt, dafs das Chlor in ihnen die Stelle des Wasserstoffs einnimmt und dieselbe Rolle spielt wie dieser. Er gründete seine Meinung auf die Vergleichung der Eigenschaften des chlorhaltigen mit denen des ursprünglichen wasserstoffhaltigen Körpers. Es lag darin eine wichtige Erweiterung der Auf-

fassung Dumas', der sie anfangs als zuweitgehend ansah, später
jedoch sich der Ansicht Laurent's anschlofs. Heute, nachdem mehr als dreifsig Jahre seit diesen ersten Discussionen
verflossen sind, können wir als unbetheiligte und unpartheiische
Beurtheiler sagen, dafs die erste Idee der Substitutionen ganz
und gar Dumas gehört. Und wer könnte in einem solchen Falle
die Macht der Grundidee, des schöpferischen Gedankens, des
ersten flüchtigen Entwurfs verkennen? Ohne Zweifel sind in
der herrlichen Ausführung, die wir jetzt besitzen, Einzelheiten
des Entwurfs verloren gegangen. Aber darauf kommt es nicht
an; seine Grundzüge sind unauslöschlich. Uebrigens hat
Laurent selbst Dumas' Priorität anerkannt. Bei einer Erörterung über die Zusammensetzung eines Naphtalinderivats
äufserte er sich folgendermafsen: „Diese Zusammensetzung
ist sehr beachtenswerth, weil sie das Gesetz der Substitutionen,
das Dumas entdeckt hat, und die Theorie der abgeleiteten Radicale, über die ich bereits einen flüchtigen Ueberblick gegeben
habe, vollkommen bestätigt."

Das waren die Anfänge dieser Lehre, die einen entscheidenden Einflufs auf die chemischen Theorien ausüben sollte.
Sie fand nur langsam und mit Mühe Aufnahme in der Wissenschaft; denn sie verstiefs wider allgemein angenommene
Ansichten und der hervorragendste Vertreter derselben, Berzelius, nahm sie mit Geringschätzung auf. Wie konnte auch
der Vertheidiger der elektro-chemischen Theorie der Ansicht
Laurent's zustimmen, dafs das Chlor, ein elektro-negatives Element, in einer Verbindung dieselbe Rolle spielen kann wie der
Wasserstoff, ein elektro-positives Element? Eine solche Be-
hauptung, von einem jungen Chemiker ohne Autorität aufgestellt, erschien ihm selbst einer ernsthaften Widerlegung nicht
würdig.

Später, als Dumas diese Ansicht angenommen und seine
ersten Angriffe gegen die elektro-chemische Theorie gerichtet
hatte, trat Berzelius, der die Gefahr ermafs, entschlossen in
die Schranken und stritt gegen die Anhänger der Substitutionstheorie einen erbitterten Kampf. Dieser Theorie war kurz

zuvor durch die Entdeckung der Trichloressigsäure eine schöne
Bestätigung zutheil geworden.

Bekanntlich unterscheidet sich diese Säure von der Essigsäure dadurch, dafs sie 3 Atome Chlor für 3 Atome Wasserstoff substituirt enthält. „Es ist gechlorter Essig," sagte
Dumas, „aber merkwürdig genug, mindestens für Diejenigen,
die sich dagegen sträuben im Chlor einen Körper zu erkennen,
der fähig ist, den Wasserstoff im strengen Sinne des Worts
zu substituiren, ist der gechlorte Essig immer noch eine Säure
wie der gewöhnliche Essig. Sein Verhalten als Säure ist
unverändert. Er sättigt dieselbe Quantität Basis wie zuvor;
er sättigt sie gleich gut und die Salze, die daraus entstehen,
zeigen, mit den Salzen der Essigsäure verglichen, eine überaus
interessante allgemeine Gleichartigkeit des Verhaltens.

„Wir haben hier also eine neue organische Säure, die eine
sehr beträchtliche Menge Chlor enthält und dasselbe dennoch
durch keine der Chlor-Reactionen erkennen läfst, eine Säure,
in der der Wasserstoff verschwunden und durch Chlor ersetzt
ist, während diese Substitution nur eine geringe Aenderung
in ihren physikalischen Eigenschaften zur Folge gehabt hat.
Alle wesentlichen Merkmale der Substanz sind unverändert
geblieben.

„Wenn ihre inneren Eigenschaften eine Modification erfahren haben, so wird dieselbe doch nur wahrnehmbar, wenn
unter der Einwirkung einer neuen Kraft das Molekül zerstört
und in andere Producte umgewandelt wird.... Indem ich einer
solchen Gedankenfolge, wie sie die Thatsachen mir aufdrängen,
nachgehe, habe ich die elektro-chemischen Theorien unberück-
sichtigt gelassen, auf die Berzelius die Anschauungen der
Lehre begründet hat, die durch ihn in der Wissenschaft
zur Herrschaft gelangt ist.

„Aber beruhen denn diese elektro-chemischen Ansichten,
diese eigenthümliche Polarität, die er den Molekülen der einfachen Körper zuschreibt, auf so unzweifelhaften Thatsachen,
dafs man sie als Glaubensartikel hinstellen darf? Oder wenn
man sie als Hypothesen anzusehen hat, sind sie denn zum

mindesten fähig, sich den Thatsachen anzupassen, sie zu erklären, sie mit so vollkommener Sicherheit vorauszusagen,
dafs man bei chemischen Untersuchungen ihnen wesentliche
Förderung verdankte? Man mufs zugestehen — dem ist
nicht so."

Diese kühne Sprache liefs deutlich genug die Opposition
erkennen, welche sich gegen die elektro-chemischen Theorien
erhob und bald weitergehend sich gegen das System des Dualismus richten sollte.

Berzelius ermüdete seinerseits nicht in energischer Vertheidigung. Er konnte die Thatsachen nicht leugnen und legte
sie deshalb nach seiner Weise aus: Das Chlor, das in den organischen Verbindungen an die Stelle des Wasserstoffs tritt,
spielt in ihnen dieselbe Rolle wie der Sauerstoff. Seinem Wesen
nach elektro-negativ, verbindet es sich mit positiven Kohlen-
wasserstoff-Radicalen. Ein Körper, der nur Kohlenstoff, Wasserstoff und Chlor enthält, ist ein Chlorid. So ist das Chloroform das
Formyltrichlorid. Enthält eine Verbindung als viertes Element
Sauerstoff, so ist sie zugleich ein Oxyd und ein Chlorid. Beide
sind binäre Verbindungen und bilden in ihrer Vereinigung eine
complicirtere, aber wiederum binäre Verbindung. Die Essigsäure ist das Trioxyd des Acetyls in Verbindung mit Wasser;
die Trichloressigsäure hat eine durchaus andere Constitution.
Sie ist eine Verbindung von Kohlenstoffsesquichlorid und Koh-
lenstoffsesquioxyd (Oxalsäure), die als Ganzes mit Wasser zusammentritt. — Berzelius entfernte also die beiden Körper von
einander, zwischen denen Dumas so einfache Beziehungen
der Zusammensetzung, so klare Verwandtschaftsverhältnisse
nachgewiesen hatte.

Ebenso verfuhr er mit den andern organischen Körpern
und ihren Chlorderivaten. Die letzteren erhielten oft überaus
complicirte Formeln: von mehreren Molekülen eines Chlorids in
Verbindung mit mehreren Molekülen eines Oxyds. In der Aufstellung dieser Formeln zeigte sich Berzelius scharfsinnig und
willkürlich zugleich; täglich erfand er neue Radicale und
brachte sie bald mit dem Chlor, bald mit dem Sauerstoff in

Verbindung. So fruchtbar an Hypothesen, wie er früher an genauen Analysen und an Entdeckungen gewesen war, führte er sein System bis in die äufsersten Consequenzen durch und brachte es durch seine eigene Mafslosigkeit zu Falle. [1])

Eine Vorstellung, von der damals zuerst die Rede war, die dann zu wiederholten Malen lebhafte Discussionen hervorgerufen hat, spielt in diesen Auslassungen von Berzelius eine grofse Rolle, die Ansicht nämlich, dafs zwei Substanzen bei ihrer Verbindung sich inniger vereinen können als Säuren und Basen, welche Salze bilden. So hatte man beobachtet, dafs aus den Verbindungen der Schwefelsäure mit verschiedenen organischen Körpern diese Säure durch Baryt nicht mehr gefällt wird; daraus schlofs man, dafs die Verbindung der Säure mit

---

[1]) Die nachfolgenden Formeln lassen den Unterschied der beiden Auffassungen klar hervortreten.

	Substitutions-Formel.	Berzelius-Formel.
Essigsäure	$C^4 H^3 O^3 . HO$	$C^4 H^3 . O^3 + HO$
Trichloressigsäure	$C^4 Cl^3 O^3 . HO$	$C^2 O^3 . C^2 Cl^3 + HO$

Weitere Beispiele werden eine Vorstellung von der Verwicklung der dualistischen Formeln geben. Malaguti's Perchloräther wurde als eine Doppelverbindung von 1 Molekül wasserfreier Oxalsäure mit 5 Molekül Oxalchlorid (Kohlenstoffsesquichlorid) betrachtet. Berzleius nannte diese Verbindung Oxal-aci-quintichlorid. Malaguti's Perchloroxaläther ward so zu einer Verbindung von 4 Atomen Oxalsäure und 5 Atomen Kohlenstoffsesquichlorid; Berzelius nannte ihn Oxal-quadraci-quintichlorid und meinte, man könne in ihm eine Verbindung von 3 Atomen Oxalacichlorid mit 1 Atom Oxalacibichlorid annehmen. Die folgenden Formeln entsprechen dieser eigenthümlichen Auffassungsweise.

	Substitutions-Formeln.	Berzelius-Formeln.	
Aether	$C^4 H^5 O$	$C^4 H^5 O$	
Perchloräther	$C^4 Cl^5 O$	$C^2 O^3 + 5 C^2 Cl^3$	Oxal-aci-quintichlorid.
Oxaläther	$C^2 O^3 . C^4 H^5 O$	$C^2 O^3 + C^4 H^5 . O$	

Perchloraxaläther $\quad C^2 O^3 . C^4 Cl^5 O$

$$\begin{cases} 4\, C^2 O^3 + 5 C^2 Cl^3 \\ = 3 [C^2 O^3 + C^2 Cl^3] \\ + [C^2 O^3 + 2 C^2 Cl^3] \end{cases} \quad \begin{array}{l} \text{Oxal-} \\ \text{quadraci-} \\ \text{quinti-} \\ \text{chlorid.} \end{array}$$

dem organischen Körper so innig sei, dafs eine ihrer wichtigsten Eigenschaften, die, mit dem Baryt eine unlöfsliche Verbindung einzugehen, vernichtet oder unwirksam gemacht wird.

Gerhardt hatte diese Art Säuren als gepaarte *(copulés)* bezeichnet; der eng mit der Säure verbundene organische Körper war der Paarling, die „Copula." Dumas hat diesen Verbindungen später den passenderen Namen „conjugirte" Verbindungen gegeben. Berzelius wies anfangs die Vorstellung zurück und verspottete den Ausdruck, später nahm er beide an. Er ordnete in die Klasse der „gepaarten" Verbindungen eine sehr grofse Zahl organischer Körper ein, deren Formeln in zwei eng mit einander verkettete Theile zerlegt wurden. Aus der innigen Vereinigung erklärte man den Widerstand, den solche Verbindungen der doppelten Zersetzung entgegensetzen. Die Schwefelsäure verliert in ihr die Fähigkeit, den Baryt zu fällen: das Chlor wird in ihr nicht mehr durch Silbernitrat angezeigt. Die Unmöglichkeit, die gepaarten Verbindungen in ihre näheren Bestandtheile zu zerlegen, gab Berzelius' Phantasie ein freies Spiel; nach Belieben vermehrte er die Zahl der „Paarlinge", ohne sich die überflüssige Mühe zu geben, ihr Bestehen durch experimentelle Beweise glaublicher zu machen.

Während sein Genius sich in so undankbarer Arbeit erschöpfte, war man im gegnerischen Lager mit neuen Entdeckungen beschäftigt.

Junge Gelehrte standen Dumas erfolgreich zur Seite vor Allen Laurent, dessen bewundernswerthen Forschungen über das Naphtalin wir die Kenntnifs einer grofsen Zahl durch Substitution entstandener Körper verdanken. Ein gleicher Erfolg krönte die schönen Untersuchungen Regnault's über die Chlorderivate des Chlorwasserstoff-Aethers und des Oels der Holländischen Chemiker und bald nacher diejenigen Malaguti's, in denen er mit unübertroffener Gründlichkeit die Wirkung des Chlors auf die Aether erforschte.

Alle diese Untersuchungen machten Epoche in der Geschichte der Wissenschaft; die neuen Thatsachen drängten sich in ihnen zu Schaaren, und eine nach der andern bestätigte die

neue Theorie. Die letztere wurde zugleich berichtigt und erweitert, und unter ihren wichtigsten Ausführungen haben wir
einen Gedanken zu verzeichnen, den Dumas zuerst ausgesprochen hat, nämlich seine Ansicht von der Möglichkeit einer
Substitution ganzer Atomgruppen, zusammengesetzter Radicale,
an die Stelle einfacher Körper wie Wasserstoff. Die Nitro-
Verbindungen, d. h. die Körper, die durch die Einwirkung
concentrirter Salpetersäure auf eine grofse Zahl organischer
Verbindungen entstehen, wurden als Verbindungen betrachtet,
in denen die Elemente der Untersalpetersäure für den Wasserstoff substituirt sind. Hierin liegt der Ausgangspunkt für die
späteren Ansichten über die Vertretung von Elementen durch
zusammengesetzte Radicale, die einen wesentlichen Bestandtheil der Typentheorie ausmachen. Die Typentheorie ist die
Tochter der Substitutionstheorie, die sich auf diese Weise
doppelt fruchtbar bewiesen hat, indem sie nicht nur eine unermefsliche Anzahl von Thatsachen zu Tage förderte, sondern
auch eine neue Theorie. Selten hat ein Gedanke eine so
grofse Bewegung und einen so tiefgreifenden Kampf hervorgerufen. Unter dem Einflusse von Berzelius haben die
nicht französischen Gelehrten sie zuerst mit Mifstrauen, wenn
nicht gar als eine gefährliche Neuerung aufgenommen, zum
mindesten als eine überflüssige Ausführung einer bekannten
Lehre. Es ist nur ein besonderer Fall der Theorie der Aequivalente, sagte man. Dumas hat diese Auffassung schlagend
widerlegt.[1]) Nach und nach verringerte sich angesichts der

---

[1]) Comptes rendus, t. VIII., p. 610. „Berzelius ist geneigt, diese
Thatsachen als einen besonderen Fall der Theorie der Aequivalente
gelten zu lassen. Er theilt in dieser Hinsicht eine Meinung, die in
Deutschland wiederholt geäufsert ist, die ich jedoch niemals widerlegen
zu müssen glaubte, die Meinung, dafs schon aus der Theorie der Aequivalente folge, es müsse der Wasserstoff durch eine äquivalente Menge
Chlor oder Sauerstoff vertreten werden können. Ich kann nicht sagen,
wer zuerst diesen Einwurf gegen die Theorie der Substitutionen erhoben
hat; aber ich habe nie geglaubt, dafs er auf die Ueberzeugung der
Chemiker Eindruck machen könne. Ist nicht völlig klar, dafs wenn

offenkundigen Thatsachen und der Autorität der Anhänger, die
ihr gewonnen wurden, der Widerstand gegen die neue Theorie.
Im Jahre 1839 erklärte ein Forscher, der auf die Fortschritte
der Chemie sehr grofsen Einflufs ausgeübt hat, nämlich Liebig,
die von Dumas vorgeschlagene Deutung der Substitutionswir-
kungen scheine ihm für zahlreiche Erscheinungen auf dem Gebiet
der organischen Chemie den Schlüssel zu geben.[1] „Ich theile
nicht die Ansichten," sagte er, „die Berzelius in Betreff der
von Malaguti entdeckten Verbindungen äufsert: ich glaube vielmehr, dafs diese Substanzen durch einfache Substitution entstanden sind."[2] Der Sieg war entschieden. Berzelius selbst
hat schliefslich Zugeständnisse gemacht. Nachdem es Melsens
gelungen war, durch umgekehrte Substitution, d. h. durch Wieder-
einführung von Wasserstoff an der Stelle des Chlors, die Trichloressigsäure in Essigsäure zu verwandeln: war es nicht
mehr möglich, für beide Säuren eine verschiedene Constitution
anzunehmen. „Sie sind demnach beide gepaarte Oxalsäuren,"
sagte Berzelius; nur enthält die Trichloressigsäure im Paarling
3 Atome Chlor für 3 Atome Wasserstoff substituirt.[3] So ist

z. B. ein Körper 8 Volume Wasserstoff enthält, der Theorie der Aequivalente Genüge schon geleistet ist, wenn das Chlor diese 8 Volume
der Verbindung entzieht, ohne an ihre Stelle zu treten, und um nichts
weniger, wenn nach ihrem Austreten 2, 4, 6 oder 8 Volume Chlor
oder selbst 10, 12 oder 20 Volume ihre Stelle einnehmen? Mit einem
Wort, sofern nur die Quantitäten Chlor und Wasserstoff, die der Körper
verliert oder behält, irgendwie durch Aequivalente ausdrückbar sind, wird
der Theorie der Aequivalente genug gethan. Anders steht es mit der
Metalepsie".

[1] Annalen der Chemie und Pharmacie, t. XXXI., p. 119.

[2] Annalen der Ch. u. Ph., t. XXXII., p. 72, 1839.

[3] Berzelius hatte früher bereits die Trichloressigsäure als eine
gepaarte Verbindung von Oxalsäure und Kohlensesquichlorid betrachtet.
Er wandte jetzt dieselbe Betrachtungsweise auf die Essigsäure an, indem er in dieser Säure als Paarling die Gruppe $C^2 H^3$ annahm.

Trichloressigsäure $C^2 Cl^3$. $C^2 O^3 + O$
Essigsäure $C^2 H^1$. $C^2 O^3 + O$

nach ihm die Substitution des Chlors für den Wasserstoff
möglich und erfolgt Atom für Atom, wenn nicht in allen organischen Molekülen, so doch zum mindesten in den Kohlen-
wasserstoff-Gruppen, die darin in enger Verbindung enthalten
sind. Kurz, auch Berzelius ergab sich und rettete nur den
Schein durch eine Einschränkung, die keine weitere Bedeutung
hatte. Aber während er die Substitutionen, die er anfangs so
entschieden bekämpft hatte, anerkannte, blieb er in seinen ander-
weitigen Ueberzeugungen unerschüttert. Die Durchführung der
Theorie der Radicale, zu der nun noch jene Annahme von
einer besondern Verbindungsweise derselben in den gepaarten
Körpern hinzukam, gestattete ihm, in der Zeichensprache die
dualistischen Formeln beizubehalten, die sein System charak-
terisiren. Sollen wir heute, zwanzig Jahre nach seinem Tode,
um seines Andenkens willen die Kämpfe beklagen, die seine
letzten Jahre beunruhigt haben, und aus denen er nicht als
Sieger hervorgegangen ist? Keineswegs. Dieser grofse Streit
hat seine Früchte getragen, und Berzelius heftiger Widerspruch hat heilsamer gewirkt, als Stillschweigen und Ruhe zu
wirken vermocht hätten. So hat er als mächtiger Gegner selbst
noch durch seine Irrthümer der Wissenschaft gedient, die er
durch seine Entdeckungen so reichlich ausgestattet hatte.

LAURENT UND GERHARDT.

Unter den entschiedensten Gegnern der dualistischen Lehren wird die Geschichte der Wissenschaft in erster Reihe Laurent und Gerhardt nennen.

Diese Namen sind untrennbar verbunden und die Ehre, die wir ihnen schulden, gilt den vereinten Gelehrten, die in Arbeit, Kämpfen und Freundschaft zusammenstanden. Laurent und Gerhardt waren von gleicher Art und von derselben Bedeutung. Als Männer von hohem Geist haben sie die schwierigsten Probleme in Angriff genommen und ihre Bestrebungen mehr den Fragen der Theorie als den Anwendungen zugewandt. Mit verschiedenen Fähigkeiten ausgerüstet haben sie dasselbe Ziel verfolgt und dabei in der Vertheidigung derselben Ansichten wechselseitig einer in dem andern seine Stütze gefunden. Der Eine war in der schwierigen Kunst der Versuche zur Meisterschaft gelangt und gleich gewandt in der Entdeckung neuer Thatsachen, wie scharfsinnig und kühn in ihrer Erklärung; der Andere, minder zum Eingehen in Einzelheiten befähigt, besaſs dafür ein auſserordentliches Talent, die Thatsachen in ihrer Gesammtheit zu erfassen. Lag Laurents Bedeutung in der Analyse und der Klassification, so ragte Gerhardt durch seine generalisirende Richtung hervor. In dem Bericht, den wir über ihre Forschungen geben wollen, soll der Versuch gemacht werden, das Eigenthümliche von Beiden hervorzuheben, obwohl Alles in Allem genommen, ihr Werk als ein gemeinsames angesehen werden kann.

5*

I.

August Laurent ward am 14. November 1807 in La
Folie, in der Nähe von Langres, geboren. In seinem 19ten
Jahre trat er, ohne in der Anstalt selbst zu wohnen, (als *élève
externe*) in die *École des mines* (Bergschule) ein, die er drei
Jahre später mit dem Ingenieursdiplom verliefs. Im Jahre
1831 wurde er zum Repetenten für die chemischen Vorlesungen
an der *École centrale des Arts et manufactures* ernannt. Der Professor der Chemie war Dumas und er führte den jungen Laurent
in die organische Analyse ein. Laurent beschäftigte sich zuerst
damit, die Zusammensetzung des Naphtalins zu bestimmen, das
er aus dem Steinkohlentheer darstellen lehrte. So führte ihn
eine glückliche Fügung der Umstände sofort auf diese Verbindung, die durch Beständigkeit und Wandlungsfähigkeit in gleichem Mafse ausgezeichnet, später den Hauptgegenstand seiner
Forschungen ausmachen sollte.

Vom geschichtlichen Standpunkt aus betrachtet, erscheinen
die gechlorten Verbindungen des Naphtalins von besonderer
Wichtigkeit und demgemäfs verdienen auch die Ansichten, die
Laurent in seinen ersten Arbeiten über ihre Constitution geäufsert,
ausdrückliche Erwähnung. Er hatte beobachtet, dafs das feste
Naphtalinchlorür weniger Wasserstoff enthält als das Naphtalin, weil das Chlor demselben einen Theil dieses Elements
in der Form von Chlorwasserstoff entzogen hat. Er betrachtete
daher die betreffende Chlorverbindung als das Chlorür eines
neuen Kohlenwasserstoffs, mit geringerem Wasserstoffgehalt als
das Naphtalin. Der Gedanke, dafs ein Theil des Chlors für
den ausgeschiedenen Wasserstoff substituirt sein und in der Verbindung dieselbe Rolle spielen könne, wie dieser, kam ihm
nicht in den Sinn oder findet sich zum mindesten in dieser ersten
Abhandlung nicht ausgesprochen. Die Auffassung, die darin
ausgeführt wird, entspricht der Radicaltheorie. Das Naphtalin
verwandelt sich, wenn es unter der Einwirkung des Chlors
Wasserstoff verliert, in ein Radical, das mit dem Chlor

zusammentritt und ein Chlorid bildet. In diesem spielt das
Chlor dieselbe Rolle wie in einem mineralischen Chlorid.
Das scheint Laurents erste Auffassung gewesen zu sein.[1])
Aber seine Ansichten änderten sich bald. Zwei Jahre später
nahm er die Substitutionstheorie an und kam nun zu einer
anderen Erklärung. „Vergleicht man," sagte er, „die Producte
der Einwirkung des Brom, Chlor, Sauerstoff und der Salpetersäure auf verschiedene Kohlenwasserstoffe, so gelangt man
zu folgenden Schlüssen, deren erster Herrn Dumas angehört.

„1. So oft das Chlor, das Brom, der Sauerstoff oder die
Salpetersäure Wasserstoff entziehend auf einen Kohlenwasser-
stoff einwirken, wird der Wasserstoff durch ein Aequivalent
Chlor, Brom oder Sauerstoff vertreten.

„2. Gleichzeitig entsteht Chlorwasserstoffsäure, Bromwasserstoffsäure, Wasser oder salpetrige Säure, die bald frei werden, bald mit dem neugebildeten Radical verbunden bleiben."

In diesen beiden Sätzen liegt der Keim einer Theorie, die
Laurent zuerst im Jahre 1836 aufgestellt und in der Inau-
gural-Dissertation, die er im Jahre 1837 vor der Facultät der
Naturwissenschaften zu Paris vertheidigte, weiter ausgeführt
hat: nämlich die Kerntheorie, die hier eine kurze Erwähnung
verdient, obwohl sie in der Entwicklung der modernen Theorien
nur eine untergeordnete Rolle gespielt hat und deren Hauptzüge die folgenden sind.

———

[1]) In seiner Abhandlung über die Chlorverbindungen des Naphtalins (Annales de chimie et de physique, 2ᵉ sér., t. LII., p. 275, 1833)
beschreibt Laurent zwei Verbindungen des Naphtalin, ein festes Chlorür
$Ch^2 + C^{10}H^3$ und ein ölartiges Chlorür, für das er eine complicirtere
Zusammensetzung angiebt. In Bezug auf das feste Chlorür äufsert er
sich (p. 281): „Durch die Formel $Ch^2 + C^{10}H^3$, kann man die
Theorie der Entstehung dieser Verbindung ausdrücken, wenn man annimmt, dafs 3 Volume Chlor auf 1 Volum Naphtalin $C^{10}H^4$ wirken und
dasselbe in ein eigenthümliches Chlorid $Ch^2 + C^{10}H^3$ umwandeln und
2 Volume Chlorwasserstoffsäure ausscheiden. Der Körper $Ch^2 + C^{10}H^3$
ist demnach das feste Chlorid eines eigenthümlichen Kohlenwasserstoffs."

Die Moleküle der organischen Körper sind entweder Kerne oder Verbindungen dieser Kerne mit andern Substanzen, die aufserhalb des Kerns stehen.

Die Kerne selbst bestehen aus Gruppen von Kohlenstoff-Atomen, die mit andern Elementen verbunden sind. Jeder Kern enthält eine bestimmte Anzahl von Kohlenstoffatomen in Verbindung mit einer bestimmten Anzahl anderer Atome, die in unveränderlicher Ordnung die ersteren umgeben. Im Allgemeinen steht die Zahl der Kohlenstoffatome in jedem Kern in einer sehr einfachen Beziehung zur Anzahl der andern Atome.

Die Kerne oder Radicale sind zweifacher Art: es sind Stammkerne oder abgeleitete Kerne. Die ersteren enthalten nur Kohlenstoff und Wasserstoff und wenn sie durch Substitution verändert werden, bilden sie abgeleitete Kerne oder Radicale. Die einfachen Körper, die am häufigsten den Wasserstoff der Radicale vertreten, sind das Chlor, das Brom, das Jod, der Sauerstoff und der Stickstoff. Aber ebenso können auch zusammengesetzte Körper, die die Rolle von Radicalen spielen, den Wasserstoff ersetzen und in den Kern eintreten. So können die Untersalpetersäure, d. i. wasserfreie Salpetersäure weniger einem Atom Sauerstoff, das Amid, d. h. Ammoniak, weniger einem Atom Wasserstoff, das Imid, d. h. Ammoniak, weniger 2 Atomen Wasserstoff, das Arsid, d. h. Arsenwasserstoff, weniger einem Atom Wasserstoff, das Cyan, alle Atom für Atom den Wasserstoff der Kerne vertreten. Es folgt daraus, dafs jedem Grundkern oder Radical eine gewisse Anzahl von abgeleiteten Kernen oder Radicalen entspricht. In allen bleibt die Zahl und Anordnung der Atome dieselbe, sofern man die zusammengesetzten Gruppen, die sich wie einfache Körper verhalten, für ein Atom rechnet.

Andere Elemente, wie der Wassertoff, das Chlor, das Brom, das Jod, der Sauerstoff, der Schwefel können sich um jeden Kern lagern und so verschiedene Verbindungen bilden, die derselben Familie angehören. So umfafst die Familie des Aethylens oder ölbildenden Gases aufser diesem Körper, dem Stammradical, das Aethylenchlorür und -bromür, die durch

Hinzutreten von 2 Aequivalenten Chlor oder Brom zum Radical
entstehen, ferner ein Oxyd, nämlich den Aldehyd, der durch
Addition von 2 Aequivalenten Sauertoff entsteht, eine einbasische Säure, nämlich die Essigsäure, die durch Aufnahme
von 4 Aequivalenten Sauerstoff entsteht. Die Körper, die durch
Hinzutreten des Sauerstoffs zu den Kernen entstehen, zeigen
ein verschiedenes Verhalten, und dies Verhalten steht zur Zahl
der Sauerstoff-Aequivalente, die in die Verbindung eintreten,
in bestimmter Beziehung. Der Aldehyd, der nur 2 Aequivalente enthält, ist neutral, die Essigsäure mit 4 Aequivalenten
ist eine einbasische Säure. Eine dreibasische Säure entsteht
wenn zumKern 6 Atome Sauerstoff hinzutreten. Im Vorüber-
gehen sei auf die Bedeutung dieser Anschauungsweise hingewiesen, die zum ersten Mal den Einfluß des Sauerstoffs auf
die Basicität der Säuren hervorhebt. Der Gedanke war richtig,
aber die Form, in die er gekleidet war, kann heute nicht mehr
als angemessen betrachtet werden.

Laurent macht darauf aufmerksam, daß dies Hinzutreten
von Chlor, Brom, Sauerstoff immer in einer paaren Zahl von
Aequivalenten stattfindet. Niemals sieht man ein einzelnes
Aequivalent dieser einfachen Körper sich mit einem Kern vereinigen; immer sind es 2, 4 oder 6 Aequivalente. Aber, wie
er glaubte, kann die relative Menge des Sauerstoffs oder Chlors
nicht über eine gewisse Grenze hinaus zunehmen, weder im
Kern, noch außerhalb desselben, ohne daß dadurch eine gewisse Unbeständigkeit des Moleküls hervorgerufen würde, und
ein entschiedenes Bestreben, in zwei oder mehrere Verbindungen zu zerfallen, die dann niedrigeren Reihen angehören. Auf
diese Weise zerfällt das Chloral unter der Einwirkung der
Alkalien in ameisensaures Salz und Chloroform.

Man erkennt hier an einem weiteren Beispiel, daß es
Laurent nicht nur darauf ankam, die Körper nach ihrer Con-
stitution, d. h. nach der Natur, Zahl und Anordnung ihrer
Atome zu klassificiren; daß er vielmehr in dieser Constitution
Anhaltspunkte zur Erklärung ihrer Eigenschaften suchte. In
der These, die er am 20. December 1837 in der Sorbonne

vertheidigte, versuchte er, seine Ansicht von den Kernen und
den Atomen, die wie Anhängsel rings um sie geordnet liegen,
durch einen sinnreichen Vergleich zu veranschaulichen.

„Man denke sich," sagte er, „ein gerades 16 seitiges Prisma,
an dessen beiden Grundflächen sich also 16 Ecken und 16 Kanten
finden würden. Bringen wir in jede Ecke ein Molekül (ein Atom)
Kohlenstoff und an die Mitte jeder Seite der Grundflächen ein
Molekül (ein Atom) Wasserstoff: so wird dies Prisma das
Stammradical $C^{32}H^{32}$ darstellen. Bringen wir über beiden
Grundflächen Wassermoleküle an, so erhalten wir ein Prisma,
das beiderseits in eine Art Pyramide ausläuft und die Formel
des neuen Körpers ist dann $C^{32}H^{32} + 2H^2O$.

„Durch gewisse Reactionen kann man, wie in der Kry-
stallographie, diesen Krystall spalten, d. h. ihm die Pyramiden oder sein Wasser nehmen, um ihn auf die primitive
oder Stammform zurückzuführen.

„Lassen wir mit dem Stammradical Sauerstoff oder Chlor
in Berührung treten, so wird das eine wie das andere dieser
Elemente, vermöge seiner starken Verwandtschaft zum Wasserstoff, dem Radical ein Molekül Wasserstoff entziehen: das
Prisma, dem eine Kante genommen wird, müfste zusammen-
fallen, wenn man nicht an ihre Stelle eine äquivalente Kante,
entweder Sauerstoff, oder Chlor, Stickstoff u. s. w. einführte.
Man erhält somit ein 16 seitiges Prisma (ein abgeleitetes Radical), in dem die Zahl der körperlichen Winkel (Kohlenstoffatome) sich zu der der Seiten der Grundflächen (Chlor- und
Wasserstoffatome) wie 32:32 verhält.

„Der Sauerstoff oder das Chlor, die den Wasserstoff entziehen, bilden Wasser oder Chlorwasserstoffsäure; diese können
abgeschieden werden, oder als Pyramiden an dem abgeleiteten
Prisma haften bleiben. Durch Spaltung kann man dann diese
Pyramiden wieder abtrennen, d. h. man kann beispielsweise
durch Kali die Chlorwasserstoffpyramide entziehen, aber dies
Alkali wird nicht im Stande sein, das Chlor im Prisma selbst
anzugreifen, oder wenn es dazu im Stande ist, so mufs es

nothwendig eine andere Kante oder ein anderes Aequivalent statt des Chlors einführen.

„Somit kann man sich ein abgeleitetes Prisma (Radical) denken, das auf 32 Kohlenstoffecken 8 Wasserstoff-, 8 Sauerstoff-, 4 Chlor-. 4 Brom-, 4 Jod- und 4 Cyankanten enthält. Seine Form und seine Formel würden immer noch denen des Stammradicals ähnlich sein.“

Hier bleibt allerdings nicht viel von der dualistischen Auffassung übrig. Nach Laurent bildet die Verbindung, die aus einem Kern und seinen Anhängseln besteht, ein Ganzes, wie ein Krystall. Man sieht auch, dafs die Substitutionstheorie die Grundlage des von Laurent entworfenen Systems ist, wie sie später der Typentheorie zu Grunde gelegt wurde. Es wird nicht überflüssig sein, darauf aufmerksam zu machen, dafs zwischen der Theorie der Typen in ihrem Grundgedanken und der Theorie der Kerne eine gewisse Analogie besteht. Wie Laurent, so betrachtet auch Dumas die chemischen Verbindungen als einheitlichen Bau. Dann aber verglich er sie in einem vielleicht tiefer gedachten Bild, als Laurents Krystall es gewährt, mit Planetensystemen, deren Planeten den durch Affinität zusammengehaltenen Atomen entsprechen.

Die Kerntheorie ist der weitgreifendste Gedanke Laurents. Sie bot ein Mittel dar, eine grofse Zahl organischer Verbindungen in Gruppen zu ordnen und Laurent hat dies vortreffliche Mittel zur Klassification in seiner Lehre nicht übersehen und nicht unbenutzt gelassen. Er ordnete die Körper nach Reihen, einem wichtigen Begriff, der hier zum ersten Mal auftritt. Eine Reihe umfafste alle Körper, in denen ein bestimmtes Stammradical oder eins seiner Derivate enthalten ist. Aber unter der Gesammtheit dieser Körper gilt es Sonderungen zu treffen. Obwohl sie ein gemeinsames Band in ihrer Zusammensetzung haben, können sie doch durch die Natur des Radicals verschieden sein, je nachdem dasselbe ein Stammradical oder abgeleitetes Radical ist, sowie auch durch die Zahl und die Natur der Atome, die zum Radical hinzugekommen sind. Sie sind also durch den Typus, dem sie angehören und natürlich auch durch Verhalten und Wirkungsweise verschieden. Es läfst sich daher für jede Reihe eine gewisse Zahl von Typen aufstellen, die bei allen übrigen wiederkehren. In der Erfindung dieser Typen hat Laurent sich scharfsinnig und fruchtbar, vielleicht zu fruchtbar bewiesen. Einige dieser Typen, die gewisse Verhaltungsweisen bezeichnen, sind geblieben, andere sind der Vergessenheit anheim gefallen. Noch heute reden wir von Anhydriden, Amiden, Imiden, Amidsäuren, Aldehyden; aber wer denkt noch an Analcide, Halyde, Camphide, Protogenide u. s. w.? Diese Worte sind aus der wissenschaftlichen Sprache verschwunden, denn was sie bezeichneten, war nicht der Erhaltung werth.

Laurents Klassification, deren Grundlagen wir überblickt haben, war also nur ein genialer Versuch, wie seine Kerntheorie nur als eine vorzeitige Bemühung zu betrachten ist. Allerdings hat Leopold Gmelin, ein Mann, der durch Gelehrsamkeit wie durch Unabhängigkeit des Urtheils ausgezeichnet war, die Kerntheorie seinem berühmten Lehrbuch der Chemie zu Grunde gelegt, aber ohne dafs es ihm gelungen wäre, sie zu verbreiten.

Eine andere Theorie, die etwas später aufgekommen ist, war glücklicher. Sie war anfangs wie die Kerntheorie von beschränkter Anwendung und als Laurent die erstere weiter ausführte, hat er der anderen manche Einzelheiten entlehnt. Beide beruhten überdies auf demselben Grunde, auf der Substitutionstheorie, aber die eine trug den Keim zu wichtiger Fortbildung in sich: nämlich die Typentheorie, die unten eingehender zu erörtern sein wird.

Wir haben versucht, den wesentlichen Antheil Laurents an der Substitutionstheorie nachzuweisen, seinen Kampf gegen den Dualismus zu schildern, worin er Dumas wirksam unterstüzt hat und dann die wichtigen Anschauungen hervorgehoben, die ihm ausschliefslich angehören.

Aber damit sind die Dienste, die Laurent der Wissenschaft geleistet hat, nicht erschöpft. An seinen Arbeiten bildete sich ein Schüler, der für sich allein eine ganze Schule werth war. Der junge Gerhardt schloſs sich Laurents Ideen an und trat zu ihm in ein nahes Freundschaftsverhältniſs. Später tauschten sie gewissermaſsen ihre Rollen um. Es war dann Laurent. der sich zu Gerhardts Ansichten bekannte; und es wäre darum ungerecht, den Einen der Beiden dem Andern unterzuordnen.

II.

Charles-Frédéric Gerhardt ward zu Strasburg am 21. August 1816 geboren.

Er gab frühzeitig Beweise von ungewöhnlichem Geist und unabhängigem Charakter. Nach einer etwas bewegten Jugend, widmete er sich dem Studium der Chemie unter Liebigs Leitung zu Gieſsen, wo dieser Meister, der damals in dem ersten Glanze seines Ruhmes stand, junge Gelehrte aus allen Ländern der Welt um sich versammelte und eine mit Recht berühmte Schule gründete.

Schon mit den ersten Schritten in seiner Laufbahn bekundete Gerhardt seine hervorragende Begabung. Er wuſste leichter eine Frage von ihrer allgemeinen Seite zu erfassen, als auf dem Wege des Versuchs ihre Einzelheiten zu verfolgen. Als er dann in der Kunst, Thatsachen zu ordnen und auszulegen, zur Meisterschaft gelangt war, verstand er es, ihnen die allgemeinsten und werthvollsten Folgerungen für die Theorie zu entlocken. Ihm war eine systematische Auffassung, die Gabe, das Allgemeine in den Erscheinungen zu durchschauen, im höchsten Grade eigen und er war stets seines Gegenstandes Meister.

Am 5. September 1842 las er vor der Akademie eine Abhandlung: „über die chemische Klassification der organischen Substanzen", worin er in Betreff der Aequivalente des Kohlenstoffs, des Wasserstoffs und Sauerstoffs neue und wichtige Ansichten vortrug. Diese Ansichten führte er später in einer umfassenderen Arbeit weiter aus. Sie beruhen auf folgender Thatsache: Wird bei einer organischen Reaction Wasser oder Kohlensäure gebildet, so entspricht die relative Menge dieser

Körper niemals dem, was man damals ein Aequivalent nannte, sondern immer zwei Aequivalenten oder einem Vielfachen dieser Quantität. Diese Thatsache überraschte Gerhardt; sie schien ihm einen Fehler zu verrathen, der entweder bei der Bestimmung der Molekulargröfse der organischen Substanzen begangen war, oder bei der Bestimmung der Aequivalente der Kohlensäure und des Wassers oder vielmehr des Kohlenstoffs und des Sauerstoffs. Undenkbar schien in der That, dafs bei keiner Reaction der organischen Chemie ein einzelnes Molekül Wasser- oder Kohlensäure entstehen könne. „Nur zweierlei ist möglich, sagte Gerhardt[1]) „entweder H^4O^2 und C^2O^4 entsprechen einem Aequivalent oder sie entsprechen zweien." Nähme man das Erstere an, so müfste man die Formeln der Mineralchemie verdoppeln, „um sie mit den organischen Formeln in Uebereinstimmung zu bringen" und so zu verfahren, schlug er anfangs vor. Nach der andern Annahme müfste man im Gegentheil alle organischen Formeln halb so grofs annehmen. Bei dieser letzteren Alternative ist Gerhardt schliefslich stehen geblieben.

Die organischen Formeln, die er auf diese Weise verkleinerte, sind die Atomformeln von Berzelius. Nach dessen Vorgang betrachtete er das Wasser als bestehend aus 2 Atomen Wasserstoff und 1 Atom Sauerstoff. Er kam also für den Wasserstoff und Sauerstoff auf die Atomgewichte von Berzelius zurück, ebenso wie für den Kohlenstoff und Stickstoff, also für die gewöhnlichen Bestandtheile der organischen Verbindungen. Mit den englischen Chemikern bezog er diese Atomgewichte auf das des Wasserstoffs als Einheit.

Er zeigte dann, wie Berzelius dazu gekommen ist, den meisten organischen Körpern doppelt so grofse Formeln zu geben, als in der Wirklichkeit der Zusammensetzung ihrer Moleküle entspricht. Er erinnerte daran, dafs Berzelius davon ausging, für die Säuren das „Aequivalent," d. h. das Molekular-

---

[1]) Précis de Chimie organique, t. I., p. 49. Deutsch von Ad. Wurtz, Bd. I, p. 54.

gewicht zu bestimmen. Zum Zweck dieser Bestimmung nahm der große schwedische Chemiker die Analyse von Salzen, z. B. dem Blei- oder Silbersalz vor. Als Aequivalent einer organischen Säure galt ihm die Quantität der Säure, die sich mit einer Quantität Silberoxyd verbindet, in der 1 Aequivalent Silber enthalten ist. Nun hat Berzelius das Aequivalent des Silbers um das Doppelte zu groß genommen und demgemäß mußte das Aequivalent, d. h. das Molekulargewicht der organischen Säuren ebenfalls um das Doppelte zu hoch genommen sein. Dies gilt insbesondere für die einbasischen Säuren wie die Essigsäure und man sieht ohne Weiteres, daß die Formeln der verschiedensten organischen Verbindungen durch denselben Fehlgriff berührt werden mußten. So mußte, wenn die Formel der Essigsäure doppelt zu groß war, auch die des Alkohols und der meisten zu ihr in Beziehung stehenden Verbindungen denselben Fehler zeigen.

Worauf begründete Gerhardt aber seine Annahme, daß das Atomgewicht des Silbers, wie Berzelius es angenommen, um das Doppelte zu hoch war?

Er ließ sich durch die oft hervorgehobene Analogie zwischen den Protoxyden und dem Wasser leiten. Wenn das Wasser, sagte er, 2 Atome Wasserstoff und 1 Atom Sauerstoff enthält, so muß das Silberoxyd eine ähnliche Constitution haben. Es muß auf 1 Atom Sauerstoff 2 Atome Silber enthalten und dieses Atom muß ein halb so großes Gewicht haben, als es Berzelius für das Aequivalent des Silbers im Silberoxyd annahm, das nach ihm aus 1 Aequivalent Silber und 1 Aequivalent Sauerstoff bestand. Diese Auffassung ist dann von Gerhardt nicht nur auf die alkalischen Oxyde, sondern schlechthin auf alle Oxyde ausgedehnt worden. Die Atomgewichte der betreffenden Metalle wurden also um die Hälfte verkleinert.

Die Zeichensprache, welcher dies neue System von Atomgewichten zu Grunde gelegt wurde, gab streng vergleichbare Formeln. Gerhardt hat mit Recht darauf hingewiesen, daß die doppelt so großen Formeln der organischen Verbindungen,

wie sie Berzelius construirt hatte, mit den Formeln der meisten
mineralischen Verbindungen durchaus nicht im Einklang sind.
Die Formeln der Essigsäure und des Alkohols, die 4 Dampf-
volumen entsprechen, waren nicht mit der des Wassers vergleichbar, die nur 2 Volumen entspricht. Nimmt man aber
die ersteren halb so groß an, so entsprechen sie 2 Volumen
Dampf wie die Formel des Wassers. Der Sinn dieser Ausdrucksweise ist klar. Sagt man, ein Molekül Wasser nimmt
2 Volume ein, so bezeichnet man damit eigentlich nur das
Verhältniß zwischen dem Volum dieses Wassermolecüls und
dem eines Wasserstoffatoms, von dem man annimmt, es erfülle
ein Volum oder die Volumeinheit.

Laurent und Gerhardt haben auf diesen Punkt besonderes
Gewicht gelegt. Die Moleküle der zusammengesetzten Körper
bestehen aus den Atomen der einfachen Körper, die die Verwandtschaft in Verbindung hält; sie sind an Größe und Gewicht verschieden je nach der Zahl und Art der nebeneinan-
derliegenden Atome. Für jeden zusammengesetzten Körper ist
ein Molekül die kleinste Menge desselben, die im freien Zustande bestehen und die bei einer Reaction in die Verbindung
eintreten oder daraus ausgeschieden werden kann. Alle Moleküle desselben zusammengesetzten Körpers sind gleich. Die
Moleküle der andern Körper unterscheiden sich von ihnen
durch die Zahl und Art ihrer Elementaratome, oder um einen
allgemeineren Ausdruck zu gebrauchen, durch ihre Größe.
Da die Größe der Moleküle sich nur relativ bestimmen läßt,
so ist es nothwendig eine Molekulareinheit zu wählen, auf die
man alle Moleküle der zusammengesetzten Körper bezieht, sowie man eine Atomeinheit gewählt hat, das Gewicht des
Wasserstoffatoms, um damit alle übrigen zu verglichen. Alle
Körper und alle Reactionen müssen nach Gerhardt ein gemeinsames Maß haben. Nur unter dieser Bedingung lassen sich
die relativen Größen ihrer Moleküle in zuverlässiger Weise
bestimmen.

Dies gemeinsame Maß für die Bestimmung der Molekular-
größen ist das Molekül Wasser. Mit diesem ist es passend

die Moleküle aller übrigen Körper zu vergleichen, die ebenfalls als Gase oder Dämpfe 2 Volume einnehmen müssen.

Es ist dies einer der wichtigsten Punkte der Gerhardt'-schen Lehre, welche sich auf eine völlig consequente Durchführung der Volumtheorie stützt, indem sie die Molekulargröfse aus dem Volumen, die Molekulargewichte durch Vergleich des Gewichts gleicher Volume im Gas- oder Dampfzustand, d. h. aus den Dichten der Gase oder Dämpfe herleitet.

Diese Auffassungsweise hatte nicht blos für die organischen Verbindungen Geltung. Gerhardt hat sie auf die verschiedensten unorganischen Verbindungen angewandt. So enthält das Molekül des Ammoniaks nicht, wie Berzelius angenommen hatte, 2 Atome Stickstoff und 6 Atome Wasserstoff, so dafs es vier Volume einnimmt. Es besteht vielmehr aus 1 Atom Stickstoff und 3 Atomen Wasserstoff und nimmt nur 2 Volume ein. Ebenso nimmt das Molekül der Chlorwasserstoffsäure, das nur nur aus einem Atom Wasserstoff und einem Atom Chlor besteht, nur 2 Volume ein. Das ist die Quantität, die sich mit einem Molekül Wasser vergleichen läfst, nicht die doppelte Quantität, wie Berzelius angenommen hatte. Die Chlorüre der Metalle stehen den Protoxyden der Metalle in derselben Weise gegenüber, wie die Chlorwasserstoffsäure dem Wasser. Sie enthalten nur ein Atom Chlor auf ein Atom Metall. Aus diesen Betrachtungen ist ein System von Formeln hergeleitet, das sowohl von der Berzelius'schen Schreibweise abweicht, als von der Bezeichnung nach Aequivalenten, die später üblich geworden war. Aber diese neue Art der Formulirung war für eine grofse Zahl von Verbindungen mit der dualistischen Auffassung unvereinbar. Es wird angemessen sein, dies wichtige Ergebnifs näher zu beleuchten.

Im Silbersulfat nimmt Gerhardt 2 Atome Silber an. Die wasserhaltige Schwefelsäure enthält als zweibasisch 2 Atome Wasserstoff, die durch 2 Atome Metall vertreten werden können, oder nach der dualistischen Theorie ein Molekül wasserfreie Schwefelsäure in Verbindung mit einem Molekül Wasser. In den Sulfaten ist dies Molekül Wasser durch ein Molekül

Basis vertreten. Das Silbersulfat enthält also die Elemente der wasserfreien Schwefelsäure, sammt denen des Silberoxyds. Gerhardt nimmt in diesem Oxyd 2 Atome Silber an; diese finden sich im Sulfat wieder und die Formel des letzteren stimmt in Bezug auf die Größe des Moleküls mit der dualistischen Formel überein, insofern sie wie diese, obwohl ohne bestimmte Anordnung, alle Bestandtheile enthält, die zur Bildung eines Moleküls wasserfreier Säure und eines Moleküls Oxyd erforderlich sind.

Aber anders verhält es sich mit dem Silberacetat. Die Formel, die Berzelius diesem Salz gegeben hatte, entsprach einer Verbindung von 1 Aequivalent Säure und 1 Aequivalent Oxyd. Die um die Hälfte verkleinerte Formel Gerhardts mit nur 1 Atom Metall, gestattete nicht mehr das Silberacetat als eine Verbindung des Silberoxyds zu betrachten; denn 1 „Aequivalent"[1]) dieses Oxyds enthält nach Gerhardt 2 Atome Silber. Mit andern Worten, das einzelne Atom Silber im Acetat würde um Oxyd zu bilden, nur ein Halbatom Sauerstoff aufnehmen und nur ein Halbäquivalent Silberoxyd bilden, ein Ergebnis, das an sich unzulässig und mit der dualistischen Theorie der Salze unvereinbar wäre. Für diese Theorie gilt als feststehend, daß jedes Molekül eines Salzes ein ganzes Aequivalent der Säure und ein ganzes Aequivalent der Basis enthält. Das Gesagte hat in gleicher Weise auf alle Salze einbasischer Säuren Bezug, wie z. B. die Nitrate und die Chlorate. Gerhardt konnte in ihrer Constitution binäre Moleküle, eine Art von Doppelbau nicht mehr anerkennen.

Er faßte die Ansichten, zu denen Dumas und Laurent in Bezug auf organische Verbindungen gelangt waren, allgemeiner und sah demgemäß in den besprochenen Salzen, wie überhaupt in allen Salzen, allen Säuren und Oxyden der Mineralchemie einheitliche Moleküle, bestehend aus Atomen, von denen einige durch doppelte Zersetzung ausgetauscht werden können.

—— ‥

[1]) Gerhardt bediente sich dieses Wort, das hier Molekül bedeutet und von ihm damals in diesem Sinne angewandt wurde.

Der dualistischen Auffassungsweise stellte er also die unitare gegenüber, der Vorstellung von Verbindungen durch Addition der Bestandtheile die andere von Verbindungen, die durch Substitution entstehen. Eine Säure ist ein wasserstoffhaltiger Körper, dessen Wasserstoff leicht durch doppelte Zersetzung gegen eine äquivalente Menge Metall ausgetauscht werden kann. Hierdurch entsteht ein Salz. Was geht vor, wenn Salpetersäure auf Kali wirkt? Das Kaliumatom dieser Basis, des Kaliumhydrats, tritt an die Stelle des Wasserstoffatoms der Salpetersäure: es entsteht Kaliumnitrat und Wasser; denn der Wasserstoff, der aus der Salpetersäure ausgetreten ist, ist nothwendig und reicht gerade aus, um mit den Elementen des Kaliumhydrats, von denen das Kalium ausgeschieden ist, Wasser zu bilden. Es hat also dabei eine doppelte Zersetzung stattgefunden; 2 Moleküle sind in Wechselwirkung getreten: die Salpetersäure und das Kaliumhydrat; 2 neue Moleküle sind dabei entstanden: das Kaliumnitrat und das Wasser. Der Vorgang ist etwas anders, wenn Essigsäure auf Silberoxyd einwirkt. Das letztere enthält 2 Atome Silber und nur 1 Atom Sauerstoff; es müssen also bei der Bildung des Silberacetats 2 Moleküle Essigsäure in Wirkung treten; jedes giebt 1 Atom Wasserstoff an den Sauerstoff des Silberoxyds ab, um Wasser zu bilden, und die beiden Atome Silber, die nun von einander geschieden werden, treten an die Stelle des Wasserstoffs in 2 Molekülen Essigsäure; es entstehen auf diese Weise 2 Moleküle Silberacetat. Aus alle dem ergiebt sich, dafs die Säuren und die Salze dieselbe Constitution haben; die ersteren sind Wasserstoffsalze, die andern Metallsalze.

Das ist die Theorie Gerhardt's über die Bildung und die Constitution der Salze. Man erkennt in ihr die Spuren schon früher von Davy und Dulong ausgesprochener Ansichten, welche wichtig genug sind, um hier in Erinnerung gebracht zu werden.

Im Jahre 1815 veröffentlichte der genannte englische Chemiker eine Abhandlung über die Jodsäure, in der er die Ansicht äufserte: die sauren Eigenschaften dieses Körpers stehen in Beziehung zu seinem Gehalt an Wasserstoff, insofern dieses

Element durch Metalle vertreten werden kann. „Der Wasserstoff,“ sagte er, „spielt eine wesentliche Rolle in der Constitution und Bildung der Säuren; er verwandelt das Jod in eine Säure, indem er sich mit ihm zu Jodwasserstoffsäure verbindet; er ist es wieder, welcher 1 Aequivalent Jod und 6 Aequivalente Sauerstoff in den Zustand einer Säure überführt, sobald dieselben in der Jodsäure mit 1 Aequivalent Wasserstoff zusammentreten. In der Chlorsäure verhält er sich analog.“

In einer Abhandlung über die Chlorate hatte Davy die Thatsache hervorgehoben, dafs das chlorsaure Kali ein neutrales Salz ist und sich, wenn es sämmtlichen Sauerstoff verliert, in ein anderes neutrales Salz, in Kaliumchlorid, verwandelt. Nach seiner Ansicht ist der Sauerstoff im Kaliumchlorat nicht zwischen Chlor und Kalium vertheilt, so dafs eine wasserfreie Säure und ein Oxyd fertig gebildet in ihm vorhanden wären. Das Kaliumchlorat enthält nicht zwei nähere Bestandtheile, sondern vielmehr drei, das Kalium, das Chlor und den Sauerstoff. Diese Elemente sind in dem Salz in der Weise angeordnet, dafs das Kalium in ihm die Stelle einnimmt, an der sich in der Chlorsäure der Wasserstoff befindet.

Dulong hat diese von Davy aufgestellten Ansichten angenommen; er wies ergänzend darauf hin, dafs den Sauerstoffsäuren wie den Wasserstoffsäuren eine binäre Constitution zukomme. Beide enthalten Wasserstoff, nur ist dieser in den ersteren nicht mit einem einfachen Körper, sondern mit einem sauerstoffhaltigen Radical verbunden, das sich wie ein einfacher Körper verhält. Diese Meinung hat Dulong im Jahre 1816 in einer Abhandlung über die Oxalsäure zur Erörterung gebracht. Es ist bekannt, dafs das Silberoxalat bei mäfsiger Erhitzung unter Explosion in Kohlensäure und Metall zerfällt, und dafs alle neutralen und wasserfreien Oxalate ihrer Zusammensetzung nach als eine Verbindung von Kohlensäure mit einem Metall betrachtet werden können. Dulong nahm an, die Oxalsäure sei Kohlensäure in Verbindung mit Wasserstoff, und bei der Bildung der Oxalate vereinige sich dieser Wasserstoff mit dem Sauerstoff der Oxyde zu Wasser und werde durch

das Metall vertreten. Er wies darauf hin, dafs diese Betrachtungsweise auf alle sauerstoffhaltigen Säuren anwendbar sei,
dieer demnach als eine besondere Art Wasserstoffsäuren auffafste.
Während diese einen einfachen stark elektro-negativen Körper
in Verbindung mit Wasserstoff enthalten, ist in jenen eine sauerstoffhaltige Gruppe, die die Rolle eines Radicals spielt, mit
dem Wasserstoff vereinigt. In seiner wichtigen Abhandlung
über die mehrbasischen Säuren hat Liebig dieselbe Auffassungsweise erörtert und darauf aufmerksam gemacht, dafs für die
Verwandtschaft der Säuren zu den Oxyden der eigentliche
Grund und die Erklärung in der starken Verwandtschaft des
Wasserstoffs der Säuren zum Sauerstoff der Oxyde liegen
kann, da die Bildung von Wasser stets die Bildung der Salze
begleitet. Gerhardt ist also auf Ansichten eingegangen, die
schon vor ihm ausgesprochen waren, aber er hat sie sich zu
eigen gemacht, nicht nur durch Veränderungen, die er in der
Bezeichnungsweise einführte, sondern auch durch die Art seiner
Definitionen und seiner unitaren Formeln. Ein Salz ist nicht
mehr eine binäre Verbindung, die auf der einen Seite ein sauer-
stoffhaltiges Radical, auf der andern ein Metall enthält; es ist ein
Ganzes, es ist eine einheitliche Zusammenlagerung verschiedener Atome, von denen ein oder mehrere Metallatome gegen
andere Metallatome oder gegen Wasserstoff ausgetauscht werden
können.

Wie diese Atome im Molekül des Salzes geordnet sind —
diese Frage läfst Gerhardt unerörtert, da er nicht glaubt, dafs
man sie lösen kann. „Man nimmt an," sagt er, „dafs die
Salze die Bestandtheile einer Säure und eines Oxyds fertig
gebildet enthalten und gründet diese Meinung auf die Thatsache, dafs viele Salze durch directe Vereinigung einer wasserfreien Säure mit einem Oxyd entstehen. Der Beweis ist hin-
fällig, denn nichts beweist uns, dafs die Anordnung der Atome,
so wie sie in den Bestandtheilen, die sich vereinigen, vorhanden
ist, auch bestehen bleibt, nachdem die Verbindung stattgefundén.
Es ist das eine blofse Hypothese." Nach Gerhardt ist die
Anordnung der Atome in einer complicirten Verbindung dem

6*

Versuch unzugänglich und durch Schlüsse nicht zu ergründen. Es sei darum ein eitles Unternehmen, die Constitution der Körper bestimmen zu wollen; Alles, was man versuchen könne, sei, sie nach ihrem Verhalten und ihren Metamorphosen zu klassificiren. Um die letzteren in correcter Weise wiederzugeben, reiche es hin, die Zusammensetzung der Körper durch unitare Formeln auszudrücken, die sich streng vergleichen lassen und eine genaue Vorstellung von ihrer Molekulargröfse geben. Die Bewegung der Atome, welche die Metamorphosen der Körper bestimmt, kann dann durch Gleichungen wiedergegeben werden, in denen solche Formeln zur Anwendung kommen.

Ohne die Dienste zu verkennen, die die rationellen Formeln leisten können, weist Gerhardt ihre Unzulänglichkeit nach und verwirft sie. Nach seiner Meinung sind solche Formeln nur der Ausdruck von Reactionen, aber keineswegs von der Anordnung der Atome. Eine und dieselbe Substanz kann verschiedenen Metamorphosen unterliegen; daraus folge, dafs man ihr mehrere rationelle Formeln zutheilen könne. Das geschehe in der That nicht selten, namentlich beim Alkohol, für den man sechs oder sieben verschiedene Formeln vorgeschlagen hat; ein jeder Forscher bemühe sich, durch verschiedene Reactionen die von ihm aufgestellte, die er für die beste hält, als solche zu erweisen, als ob man die geringste Vorstellung von der Lagerung der Atome dadurch geben könne, dafs man auf dem Papier das eine oder das andere Symbol etwas mehr, nach rechts rückte.[1] Für Gerhardt sind demnach die rationellen Formeln nur Hypothesen, und er spricht sich energisch gegen den Mifsbrauch aus, den Berzelius mit ihnen in der organischen Chemie getrieben hat. Jene verwickelten Ausdrücke, in denen eine Unzahl hypothetische Radicale mit Sauerstoff oder Chlor nach der elektro-chemischen Regel verbunden sind, erscheinen ihm jeder Begründung und jeder Wahrscheinlichkeit bar. „So zeigt uns doch ein einziges jener Radicale!" rief er aus, indem er aufs Entschiedenste die

---

[1] Précis de chimie organique, t. I, p. 12. Deutsche Ausgabe I, S. 14.

Möglichkeit ihres Bestehens leugnet. In seinem Eifer ging er
sogar so weit, dem Cyan und dem Kakodyl den Charakter zusammengesetzter Radicale zu bestreiten. Diesen Ansichten ge-
mäfs wählte er dann auch seine Nomenclatur. Der Körper,
der aus der Einwirkung des Chlors auf das Bittermandelöl hervorgeht, ist nicht Benzoylchlorid, sondern gechlortes Benzoilol,
ein Name, der wie die unitare Formel ausschliefslich an die
Beziehungen zwischen der Zusammensetzung der gechlorten Verbindung und der des Bittermandelöls oder Benzoilols erinnern
soll, von dem sie durch Substitution abstammt.

So nimmt Gerhardt in dieser ersten Periode seiner wissenschaftlichen Thätigkeit weder rationelle Formeln noch Radicale
an, sofern das letztere Wort im Sinne von Atomgruppen genommen wird, die eine selbständige Existenz und die Fähigkeit besitzen, unmittelbar in Verbindungen einzutreten. Aber
der Urheber der unitaren Anschauungsweise sah zu klar, um
nicht zu bemerken, dafs in zahlreichen Reactionen, durch die
zusammengesetzte Körper ein oder das andere Element verloren haben, die Reste, gewissermafsen die Ueberbleibsel des
Moleküls, in Verbindung treten können. Er nannte das „Substitution durch Rückstände" *(substition par résidus)*. Diese Auffassung war durch Laurent zur Geltung gebracht worden
(S. 70); Gerhardt machte sie sich zu eigen. Später gelangte sie
zu consequenter Ausführung und wurde gewissermafsen das
Verbindungsglied zwischen der Substitutionstheorie und der
Radicaltheorie, die auf diese Weise fortgebildet und verjüngt
wurde. Die Reste, wie Gerhardt sie annahm, sind in der That
nur die Radicale im neuern Sinne des Worts.

Aber im Jahr 1842 war Gerhardt noch nicht auf diesen
Standpunkt gelangt. Im Eifer des Widerspruchs gegen die
damals herrschenden Theorien und in der Zuversicht auf seine
eigenen Ansichten entging er der Gefahr nicht, die Consequenz
zu weit zu treiben. In seinem „Grundrifs der organischen Chemie",
in welchem wir den ersten Entwurf seiner Anschauungen und
das erste Zeugnifs seiner Originalität finden, legte er ausschliefslich die empirischen Formeln seiner neuen Klassification

zu Grunde. Er ordnete alle Körper in aufsteigender Reihe
nach der Zahl der Kohlenstoffatome, die ihr Molekül enthält,
indem die einfachsten Verbindungen die unterste, die complicirtesten die höchste Stufe dieser unermefslichen Stufenleiter
bilden. Er nannte sie Verbrennungsleiter *(échelle de combustion)*,
weil die Oxydationsvorgänge durch Wegnahme von einem oder
mehreren Kohlenstoffatomen die Stellung der Körper in der
Reihe um eine oder mehrere Stufen erniedrigen.

Dies Klassificationsprincip ist vortrefflich, aber es ist bei
diesem ersten Versuch zu ausschliefslich in Anwendung gebracht
worden. Durch die alleinige Rücksichtnahme auf die empirischen Formeln ist Gerhardt zu unpassenden Zusammen-
stellungen gekommen. Dem Aethylacetat zur Seite steht die
Buttersäure. Die Bernsteinsäure, die Aethyloxalsäure und das
Methyloxalat folgen auf einander, und die Adipinsäure schliefst
sich unmittelbar dem Oxalsäureäther an.

So hat eine zu streng durchgeführte Ordnung eine gewisse
Verwirrung hervorgerufen, die Gerhardt später zu vermeiden
wufste. Aber dafs er sich gewöhnte, die Körper nach ihrer
Zusammensetzung zu gruppiren und ihre empirischen Formeln
zu vergleichen, ist nichtsdestoweniger von Bedeutung gewesen.
Wir verdanken diesem Verfahren die Einführung eines neuen
und fruchtbaren Begriffs in die Wissenschaft, des Begriffs der
homologen Reihe.

Ein deutscher Chemiker, Schiel, hatte zuerst auf die Beziehungen hingewiesen, die in der Zusammensetzung der
Alkohole stattfinden. Nach ihm hatte Dumas die Reihe der
Fettsäuren zusammengestellt, die mit der einfachsten organischen Säure, der Ameisensäure, anfängt und in regelmäfsiger
Stufenfolge bis zu den Säuren von complicirter Zusammensetzung aufsteigt, die man aus dem Talg und dem Wachs
gewinnt. Gerhardt führte den Gedanken weiter aus und bewährte seine Tragweite durch neue Beispiele. In diesen Reihen,
die er homologe nannte, sind die Körper nach der regel-
mäfsigen Zunahme des Gehalts an Kohlenstoff- und Wasserstoffatomen geordnet, da die andern Atome unverändert bleiben

und jedes Glied von dem unmittelbar vorausgehenden oder folgenden durch den Mehr- oder Mindergehalt an CH^2 verschieden ist. Gerhardt fügt hinzu, dafs die Homologie nicht allein in den Beziehungen der Zusammensetzung beruht, sondern auch in der Aehnlichkeit der chemischen Functionen. So hat er den Begriff festgestellt und das Wort geschaffen. Durch seine Bemühungen ist die Lehre von den Homologen eine der festesten Grundlagen für die Klassification der organischen Substanzen geworden.

Die Arbeiten, die wir mit breiten Strichen zu skizziren versucht, haben in der Wissenschaft tiefe Spuren hinterlassen und bilden zum grofsen Theil die Grundlage unserer heutigen Ansichten. Ein neues Atomgewichtssystem, auf consequente Durchführung der Volumtheorie und Berücksichtigung der Analogien begründet, eine Bezeichnungsweise, in der alle Formeln und alle Reactionen durch genauere Bestimmung der relativen Gröfsen der Moleküle vergleichbar werden, die Auffassung der chemischen Verbindung als Aneinanderlagerung von Atomen zu einem einzigen Ganzen, das durch Austausch eines Elements gegen ein anderes Umgestaltungen erleiden kann: das sind die Hauptzüge einer Theorie, die bereits zusammenhielt und sich zu bewähren begann. Aber zwischen den ersten Bestätigungen und dem schliefslichen Triumph mufste ein langer Zeitraum verfliefsen und die Theorie selbst wesentliche Umgestaltungen erleiden.

III.

Berzelius war nicht mehr. Die Substitutionstheorie hatte den Sieg davongetragen; aber die Ausführungen, zu denen Laurent und Gerhardt sie verwerthet hatten, trafen auf lebhaften Widerspruch. Die Anhänger der Radicaltheorie hatten zwar die Thatsache der Substitutionen angenommen, aber sie verharrten in feindlicher Stellung. Der Dualismus stand noch immer der unitaren Anschauung gegenüber. Allerdings war diese in den Händen Laurent's und Gerhardt's ein wirksameres Mittel zur Beseitigung von Irrthümern als zur Förderung grofser

Entdeckungen gewesen. Die Theorie blühte, aber mit dem Experiment ging es etwas langsam voran. In den Erfahrungswissenschaften gelangt jedoch eine neue Theorie nicht durch die Kritik allein zur Geltung. Um den Sieg davonzutragen, bedarf sie des Glorienscheins neuer Entdeckungen. Diese Weihe ist auch in diesem Fall nicht ausgeblieben. Vom Jahre 1849 an wurden in rascher Folge mehrere Arbeiten bekannt, die das Interesse der Chemiker lebhaft in Anspruch genommen und Gerhardt selbst in neue Bahnen geleitet haben. Es handelt sich um die Entdeckung der zusammengesetzten Ammoniake durch Wurtz und um Williamson's Darstellung der gemischten Aether.

Diese Forschungen haben eine Versöhnung der Radicaltheorie mit der Substitutionstheorie herbeigeführt. Die Lehren, die sich bis dahin gegenüberstanden, wurden in eine neue Theorie, die der Typen, verschmolzen. Um aber den Ausgangspunkt und die Tragweite dieser Theorie ins rechte Licht zu setzen, müssen wir etwas weiter zurückgehen.

Im Jahre 1839 hatte Dumas die Chloressigsäure entdeckt. Diese Säure entsteht aus der Essigsäure durch Substitution von 3 Aequivalenten Chlor für 3 Aequivalente Wasserstoff, während alle übrigen Elemente dieselben bleiben. Merkwürdigerweise wird aber durch diese Einführung von Chlor in das Molekül in den Grundeigenschaften der Essigsäure keine wesentliche Veränderung hervorgerufen. Ihr Chlorderivat ist wie sie eine basische Säure und kann unter dem Einflusse gewisser Reagentien analoge Zersetzungen erleiden. Diese Thatsachen fügen sich nach Dumas' Ansicht nur einer Erklärung: wenn das Chlor für den Wasserstoff in der Essigsäure substituirt wird, so nimmt es die Stelle dieses Elements ein und spielt in der neuen Verbindung dieselbe Rolle. Er drückte das mit den Worten aus: die Essigsäure und die Chloressigsäure gehören demselben chemischen Typus an. Er nahm überdies an, daß die Eigenschaften einer Verbindung weniger von der Natur der Atome abhängen, aus denen sie besteht, als von ihrer Gruppirung und Lagerung im Molekül.

Diese Ansichten stehen mit denen, die Laurent selbst aufgestellt hatte, in Einklang; sie traten aber mit mehr Gewicht auf, da ihnen neue wichtige Thatsachen zu Grunde lagen. Ueberdies ist der Gedanke einer Erhaltung des Typus nach der Substitution eines Elements für ein anderes von Dumas klarer ausgesprochen, als es Laurent in seiner Kerntheorie gethan hatte.

Dumas ordnete also unter denselben „chemischen Typus" alle Körper, die dieselbe Zahl von „Aequivalenten" in gleicher Weise gruppirt enthalten und aufserdem dieselben Grundeigenschaften besitzen. Er bemerkte aber auch, dafs diese Eigenschaften in Folge der Substitutionen eine Veränderung erleiden können.

Körper, welche die gleiche Zahl von Aequivalenten enthalten, aber in ihren Grundeigenschaften verschieden sind, können in denselben mechanischen Typus zusammengefafst werden. Die Gerechtigkeit erfordert, nicht unerwähnt zu lassen, dafs Regnault in seinen bedeutenden Arbeiten über die Wirkung des Chlors auf das Oel der holländischen Chemiker und den Chlorwasserstoffäther bereits die Erhaltung der Atomlagerung bei diesen Substitutionen hervorgehoben hatte.

Auf diese Weise ist der Begriff der Typen in die Wissenschaft eingeführt worden; aber in dieser ersten Form war er keiner grofsen Entwicklung fähig. Er gewährte nur einen eleganten und treffenden Ausdruck für die Beziehungen, die bei Substitutionen zwischen einer gegebenen Verbindung und ihren Derivaten stattfinden, und er liefs soviel Typen zu, als Verbindungen bestehen, die einer Veränderung durch Substitution fähig sind, ohne zwischen diesen Typen ein Band herzustellen. Er war also sinnreich und wahr, schien jedoch nicht dazu berufen, zur Grundlage einer allgemeinen Theorie zu werden; das ist er erst infolge weiterer Umgestaltungen geworden.

Seit langer Zeit war den Chemikern aufgefallen, dafs die natürlich vorkommenden Alkaloïde sämmtlich Stickstoff enthalten und bei der trockenen Destillation Ammoniak geben.

Sie vermutheten demgemäfs das Bestehen wichtiger Beziehungen zwischen dem „flüchtigen Alkali" und den organischen Alkalien. Berzelius hatte angenommen, die letzteren verdanken ihre alkalischen Eigenschaften fertig gebildetem, mit ihren Elementen innig verbundenem Ammoniak. Später hat die grofse Entdeckung der Amide, die wir Dumas verdanken, eine andere Betrachtungsweise veranlafst. Man kam auf den Gedanken, die Alkaloide enthalten als gemeinsamên Bestandtheil den amidbildenden Stoff, das sogenannte Amidogen, d. h. Ammoniak weniger 1 Atom Wasserstoff.

Diese wichtige Frage nach der Constitution der organischen Basen ist durch die Entdeckung einer Klasse von Körpern zur Entscheidung gebracht, die, was Zusammensetzung und Eigenschaften betrifft, die auffallendsten Beziehungen zum Ammoniak, dasselbe Streben, sich mit Säuren zu verbinden, dieselbe kaustische Wirkung, dieselbe Löslichkeit in Wasser, denselben Geruch zeigen. Der Verfasser dieser Schrift hat in seiner Mittheilung über das Bestehen der „zusammengesetzten Ammoniake" die Meinung geäufsert: man könne dieselben entweder als Aether betrachten, in welchem der Sauerstoff durch Amidogen ersetzt, oder als Ammoniak, in welchem 1 Aecquivalent Wasserstoff durch 1 Aecquivalent eines Alkoholradicals vertreten wird.[1] Der Gedanke einer Vergleichung mit dem Ammoniak als Typus war also in dieser ersten Mittheilung zur Sprache gebracht und drängte sich in der That durch die überraschende Analogie der Eigenschaften dem Geiste auf. Einige Monate später hat Hofmann, infolge seiner glänzenden Entdeckung des Diäthylamin und des Triäthylamin, die typische Auffassung schärfer betont und sie siegreich zur Geltung gebracht, indem er alle diese Basen als Ammoniak betrachtete, in dem 1, 2 oder 3 Atome Wasserstoff durch 1, 2 oder 3 Alkohol-Gruppen oder -Radicale vertreten sind.[2]

---

[1] Comptes rendus, t. XXVIII, p. 224. Febr. 1849.

[2] Die folgenden Formeln weisen die Beziehungen der Zusammensetzung des Ammoniaks zu den äthylirten Ammoniaken nach:

So war der Typus Ammoniak geschaffen; denn es war leicht, auf die übrigen Alkaloïde und besonders auf die flüchtigen Basen, die man bereits auf synthetischem Wege herstellen konnte, die Betrachtungsweise auszudehnen, die so gut für die Aethylbasen pafste. Wir bemerken ferner, dafs sich hiemit die Substitutionstheorie der Radicale bemächtigte. Das Aethylamin ist nicht mehr eine binäre Verbindung von Aethyl und Amidogen, es ist Aether, dessen Sauerstoff durch Amidogen vertreten ist, oder Ammoniak, in dem das Radical Aethyl für den Wasserstoff substituirt worden ist. Hier ist das Wort Radical in dem Sinne einer Atomgruppe genommen, die sich durch Substitution mit andern Atomen zu verbinden vermag. Es handelt sich nicht mehr um ganz isolirte Radicale, die, so wie sie sind, durch einfache Addition binäre Verbindungen zu bilden vermögen, die, kurz gesagt, das Verhalten einfacher Körper annehmen; es sind vielmehr die „Rückstände" Gerhardt's, die unverändert aus einer Verbindung in die andere übergehen. Aber sie verlieren sich nicht in der Masse der Elemente: sie bewahren im Molekül einen bestimmten Platz und eine gesonderte Individualität, die durch die Formel selbst bezeichnet wird. Die Formel ist nicht mehr ein einheitlicher Ausdruck. Sie ist eine rationelle Formel, die die Beziehungen zwischen der Zusammensetzung der neuen Basen und der des Ammoniaks deutlich anzeigt. So kommen in dem Augenblick, wo die Radicaltheorie und die Substitutionstheorie zur Typentheorie verschmelzen, die rationellen Formeln als ein Mittel, die Verwandtschaftsverhältnisse der Körper zu bezeichnen, von neuem zu Ehren.

Hiemit war ein neuer Impuls gegeben, und eine neue Entdeckung sollte bald die Bewegung beschleunigen. Im Jahre 1851 veröffentlichte Williamson seine schönen Untersuchungen

$$N \begin{cases} H \\ H \\ H \end{cases} \qquad N \begin{cases} C^2H^5 \\ H \\ H \end{cases} \qquad N \begin{cases} C^2H^5 \\ C^2H^5 \\ H \end{cases} \qquad N \begin{cases} C^2H^5 \\ C^2H^5 \\ C^2H^5 \end{cases}$$

Ammoniak.   Aethylamin.   Diäthylamin.   Triäthylamin.

über die Aetherbildung und über das Bestehen gemischter
Aether, und diese Untersuchungen haben den Typus Wasser
in die Wissenschaft eingeführt.

Laurent hatte bereits das wasserfreie Kaliumoxyd und
das kaustische Kali mit dem Wasser verglichen. Er hatte
durch abgekürzte und sinnreiche Formeln die Beziehungen
zwischen der Zusammensetzung des Alkohols und des Aethers
veranschaulicht. Seine Ansichten sind von einem amerikani-
schen Chemiker, Sterry Hunt, in talentvoller Weise weiter ausgeführt worden.

Williamson ging weiter: er verglich mit dem Wasser nicht
nur den Alkohol und die Aether, sondern auch die Säuren,
die Oxyde und die Salze der Mineralchemie. Das Wasser besteht aus 1 Atom Sauerstoff und 2 Atomen Wasserstoff; die
letzteren kann man sowol durch die Atome anderer einfacher
Körper als auch durch Gruppen, die die Rolle von Radicalen
spielen, ersetzen. Ersetzt man in 1 Molekül Wasser 1 Atom
Wasserstoff durch die Gruppe Aethyl, so hat man Alkohol;
wird auch das zweite Atom Wasserstoff durch Aethyl ersetzt,
so erhält man Aether. Das Aetzkali ist als Wasser zu betrachten, in welchem 1 Atom Wasserstoff durch Kalium vertreten ist; ersetzt man das andere Atom Wasserstoff durch ein
Säure-Radical, so geht aus dieser zweifachen Substitution ein
Salz hervor. Das Kalium-Acetat ist von 1 Molekül Wasser
abzuleiten, in welchem 1 Atom Kalium für 1 Atom Wasserstoff
substituirt ist, während an die Stelle des zweiten Atoms Wasserstoff das Radical Acetyl tritt. Williamson hat sogar das Bestehen eines Körpers vorausgesehen, der durch Substitution
von 2 Gruppen Acetyl für 2 Atome Wasserstoff aus dem Wasser
entsteht und sich zur Essigsäure verhält, wie der Aether zum
Alkohol. Es ist das Essigsäureanhydrid, das später von Gerhardt entdeckt wurde. [1])

---

[1]) Die folgenden Formeln veranschaulichen die Ansichten Williamson's über die Constitution der Säuren, der Oxyde und der Salze, bezogen auf die des Wassers:

Alle diese Körper gehören zu demselben Typus. Sie enthalten alle 1 Atom Sauerstoff und zwei andere einfache oder zusammengesetzte Bestandtheile, die den 2 Atomen Wasserstoff im Wasser entsprechen. Bei allen Substitutionen, die das Molekül erleiden kann, bleibt gewissermafsen sein Skelett dasselbe; es behält die verhältnifsmäfsig einfache Structur von einem Molekül Wasser.

Das sind die Ansichten, die Williamson zur Geltung brachte. Zur Zeit, wo Gerhardt sich veranlafst sah, sie zu den seinigen zu machen, war also der Typus Wasser sowol wie der Typus Ammoniak vollständig vorhanden. Gerhardt brachte einen Gedanken zur Reife, der schon vor ihm seine Triebe entfaltet hatte; er fügte jenen beiden Typen den Typus Wasserstoff und den Typus Chlorwasserstoff hinzu. Aufserdem gab er dem Typus Wasser eine erweiterte Bedeutung durch seine schöne Entdeckung der organischen Säureanhydride.

Er hatte früher das Bestehen von Anhydriden einbasischer Säuren bestritten und ein eigenthümliches Zusammentreffen wollte, dafs er selbst dieselben entdeckte. Als er das Chlorid des Acetyls auf Natriumacetat einwirken liefs, erhielt er jenes Essigsäureanhydrid, dessen Bestehen Williamson vorausgesagt hatte. Dieser Körper enthält 2 Gruppen Acetyl in Verbindung mit nur 1 Atom Sauerstoff, wie das Wasser 2 Atome Wasserstoff in Verbindung mit nur 1 Atom Sauerstoff enthält. Die zwei Gruppen Acetyl oder Radicale der Essigsäure spielen im Essigsäureanhydrid die Rolle eines einfachen Körpers und nehmen in ihm in gewisser Weise die Stelle ein, welche die 2 Atome Wasserstoff im Wassermolekül einnehmen. So wurde

$\left.\begin{matrix}H\\H\end{matrix}\right\}O$ Wasser. $\left.\begin{matrix}H\\H\end{matrix}\right\}O$ Wasser. $\left.\begin{matrix}H\\H\end{matrix}\right\}O$ Wasser.

$\left.\begin{matrix}H\\K\end{matrix}\right\}O$ Kalium-hydrat. $\left.\begin{matrix}(C^2H^5)\\H\end{matrix}\right\}O$ Alkohol. $\left.\begin{matrix}(C^2H^3O)\\H\end{matrix}\right\}O$ Essigsäure.

$\left.\begin{matrix}K\\K\end{matrix}\right\}O$ Kalium-oxyd. $\left.\begin{matrix}(C^2H^5)\\(C^2H^5)\end{matrix}\right\}O$ Aether. $\left.\begin{matrix}(C^2H^3O)\\K\end{matrix}\right\}O$ Kalium-acetat.

$\left.\begin{matrix}(NO_2)\\K\end{matrix}\right\}O$ Kalium-nitrat. $\left.\begin{matrix}(C^2H^5)\\(C^2H^3O)\end{matrix}\right\}O$ Essig-äther. $\left.\begin{matrix}(C^2H^3O)\\(C^2H^3O)\end{matrix}\right\}O$ Essigsäure-anhydrid.

der Typus Wasser, der von Williamson eingeführt war, durch Gerhardt erweitert.

Gerhardt verallgemeinerte die typische Auffassung. Mit Laurent betrachtete er das Wasserstoffmolekül als aus 2 Atomen bestehend. Im freien Zustand, sagte er, hat man in dem Gas das Wasserstoffhydrid, das freie Chlor ist Chlorchlorid, das freie Cyan Cyancyanid. Und weil die Oxyde eine Consitution haben, welche der des Wassers analog ist, so sind die Moleküle der Metalle denen des Wasserstoffs vergleichbar: sie bestehen aus 2 Atomen. Der Typus Wasserstoff umfafst also alle Metalle. In der organischen Chemie kommt vielen Verbindungen dieselbe Constitution zu. Ihr Molekül ist doppelt, d. h. es besteht aus zwei gesonderten Bestandtheilen, die entweder einfach oder zusammengesetzt und je 1 Atom Wasserstoff äquivalent sind.

Gerhardt reihte so in den Typus Wasserstoff die Aldehyde, die Acetone und eine grofse Zahl von Kohlenwasserstoffen ein, unter andern die Alkoholradicale Aethyl, Methyl u. s. w., die von Kolbe und Frankland entdeckt waren und zu so lebhaften Discussionen Veranlassung gegeben hatten. Merkwürdigerweise hatten die Anhänger des Dualismus sie als Einzelgruppen betrachtet, und der Vertreter der unitaren Auffassung zeigte, dafs sie aus der Vereinigung zweier Alkoholradicale hervorgehen und eine binäre Constitution, eine Doppelformel besitzen.

Der Typus Chlorwasserstoffsäure umfafste die mineralischen und organischen Chloride, Bromide und Jodide. Streng genommen fiel er mit dem Typus Wasserstoff zusammen.

Die neue Betrachtungsweise gelangte bald durch eine wichtige Wahrnehmung zu weiterer Entwicklung. Die flüchtigen organischen Basen bildeten für sich allein den Typus Ammoniak. Gerhardt ordnete alle Amide demselben Typus unter. Das Acetamid hat nach seiner Ansicht dieselbe Constitution wie das Aethylamin: es unterscheidet sich von diesem nur durch den Sauerstoffgehalt seines Radicals. Wenn das Aethyl ein neutrales Radical ist, so ist das Acetyl ein saures

Radical, weil es Sauerstoff enthält. Wie das Aethyl kann es für den Wasserstoff des Ammoniaks substituirt werden; aber der Körper, der infolge dieser Substitution entsteht, ist neutral, weil die basischen Eigenschaften des Ammoniaks durch die Einführung eines Säureradicals in sein Molekül neutralisirt wird.

So können also Körper, deren Molekular-Constitution durchaus ähnlich ist, die also zu demselben Typus gehören, je nach der Natur der Elemente, die einen bestimmten Platz in dem Molekül einnehmen, in ihren Eigenschaften wesentlich von einander abweichen. Mit dieser wichtigen Erkenntnifs findet eine Umkehr zu Ansichten statt, die man anfangs bekämpft hatte, als man der Lagerung der Atome einen entscheidenden Einflufs auf das Verhalten der Körper zuschrieb.

Um in anschaulicher Weise diesen Einflufs der Natur der Bestandtheile auf die Eigenschaften von Körpern gleicher Constitution wiederzugeben, kann man nach Gerhardt's Vorgang alle Körper, die demselben Typus angehören, in eine horizontale Reihe ordnen, in der die basischen Körper die äufserste Stellung zur Linken, die neutralen die Mitte, die Säuren die äufserste Stellung rechts einnehmen. Als Beispiel mag der Typus Wasser dienen. Das Kali als starke Base steht auf der linken Seite, die Salpetersäure und die Essigsäure auf der rechten, das Wasser und der Alkohol in der Mitte. Warum sind nun die Körper zur Linken stark basisch? Weil sie ein Atom eines stark electro-positiven Metalls, wie das Kalium, enthalten.

Die Körper in der Mitte sind neutral, weil sie indifferente Elemente oder Radicale enthalten; und die Körper, die zur Rechten stehen, sind sauer wegen der Natur ihrer sauerstoffhaltigen Radicale.

Nach der Typentheorie ist der Alkohol Wasser, in welchem 1 Atom Wasserstoff durch die Kohlenwasserstoffgruppe Aethyl vertreten wird; diese Gruppe ist basisch, aber ihr basisches Vermögen ist kaum stärker als das des Wasserstoffs: daher

ist der Alkohol eine neutrale Flüssigkeit wie das Wasser selbst.
Sobald aber 1 Atom Sauerstoff in das Molekül des Alkohols
eintritt und im Radical Aethyl 2 Atome Wasserstoff vertritt,
mufs das durch Substitution so veränderte Radical einen sauren
Charakter annehmen und denselben dem ganzen Molekül mit-
theilen. Durch diese Substitution ist in der Gruppirung des
Moleküls nichts geändert. Die beiden Körper haben dieselbe
Constitution, der eine ist Aethylhydrat, der andere Acetyl-
hydrat. Aber während der Alkohol neutral ist, ist die Essigsäure, die aus seiner Oxydation hervorgeht, eine kräftige Säure.
Solchen Einflufs übt die Natur der Atome auf die Eigenschaften der bezüglich der Lagerung ihrer Atome ähnlichen
Körper aus.[1])

Dieser Einflufs tritt am augenscheinlichsten bei den Körpern hervor, die dem Typus Ammoniak angehören. Das
Ammoniak ist ein stark basischer Körper. Wird in seinem
aus Stickstoff und Wasserstoff bestehenden Molekül der Wasserstoff durch neutrale Kohlenwasserstoffgruppen wie das Methyl
oder das Aethyl vertreten, so bleibt die basische Natur desselben
erhalten. Bekanntlich sind die zusammengesetzten Ammoniake,
die aus einer derartigen Substitution hervorgehen, ebenso kräftige Basen wie das Ammoniak selbst. Aber der Wasserstoff

---

[1]) Durch folgende Zusammenstellung wird diese Meinung noch anschaulicher werden:

Aeufserste Glieder links (positive).		Mittelglieder.		Aeufserste Glieder rechts (negative).	
$\left.\begin{matrix}K\\H\end{matrix}\right\}O$	Kalium-hydrat.	$\left.\begin{matrix}H\\H\end{matrix}\right\}O$	Wasserstoff-hydrat (Wasser).	$\left.\begin{matrix}Cl\\H\end{matrix}\right\}O$	Chlorhydrat (unterchlo-rige Säure).
$\left.\begin{matrix}Na\\H\end{matrix}\right\}O$	Natrium-hydrat.	$\left.\begin{matrix}C^2H^5\\H\end{matrix}\right\}O$	Aethyl-hydrat (Alkohol).	$\left.\begin{matrix}C^2H^3O\\H\end{matrix}\right\}O$	Acetylhydrat (Essigsäure).

In einer Uebersicht, die Gerhardt 1852 veröffentlichte und in der
Abhandlung über die wasserfreien organischen Säuren wieder abdrucken
liefs, hatte er den Sauerstoff in die äufserste Stellung links oder unter
die positiven Glieder geordnet. Um ihrer historischen Bedeutung willen
glauben wir diese Uebersicht hier wiedergeben zu müssen.

des letzteren kann auch ganz oder theilweise durch ein elektronegatives Element, wie das Chlor oder das Brom, oder auch durch ein Säureradical vertreten werden. und die so gebildeten Ammoniakderivate sind entweder neutral oder sogar sauer. Das Anilin z. B. ist eine starke Basis, das Trichloranilin

	Aeufserste Glieder links (positive).	Mittelglieder.	Aeufserste Glieder rechts (negative).
	C^2H^5 | O Alkohol H |	. . . . . .	C^2H^3O | O Essigsäure. H |
Typus Wasser	C^2H^5 | O Aether. C^2H^5 |	. . . . .	C^2H^3O | O Essigsäure- $C^2H\ O$ | Anhydrid.
H | O H |	CH^3 | O Aethyl- C^2H^5 | Methyl- Aether.	. . . . .	C^3H^5O | O Essigsaures C^7H^5O | Benzoyl.
	. . . . . .	C^2H^5 | O Essig- C^2H^3O | äther.	
Typus Wasserstoff	C^2H^5 | Aethyl- H | hydrür.	. . . . .	C^7H^3O | Aldehyd. H |
H | H |	C^2H^5 | C^2H^5 | Aethyl.	. . . . . .	C^2H^3O | Acetyl. C^2H^3O |
	. . . . . .	CH^3 | Aceton. C^2H^3O |	. . . .
Typus Chlor-wasserstoff-säure H | Cl |	C^2H^5 | Chlor- Cl | wasser- stoffäther.	. . . . .	C^2H^3O | Acetylchlorür. Cl |
Typus Ammoniak H | H | N H |	C^2H^5 | H | N Aethyl- H | amin.	. . . . .	C^2H^3O | H | N Acetamid. H |
	C^2H^5 | C^2H^5 | N Diäthyl- H | amin.	. . . . .	. . . .
	C^2H^5 | C^2H^5 | N Triäthyl- C^2H^5 | amin.	. . . . .	. . . . . .

oder dreifachgechlorte Anilin ist nach Hofmann ein neutraler Körper, d. h. aufser Stande, sich mit Säuren zu verbinden. Ebenso geht, wie wir oben gezeigt haben, der basische Charakter des Ammoniak-Moleküls im Acetamid durch die saure Natur des sauerstoffhaltigen Radicals verloren, das für den Wasserstoff in ihm substituirt ist.

Die meisten Amide sind neutral wie das Acetamid; doch kennt man eine kleine Anzahl, die sich wie Säuren verhalten. In einer seiner trefflichsten Abhandlungen hat Gerhardt Amide beschrieben, die durch Substitution zweier sauerstoffhaltiger Radicale für 2 Atome Wasserstoff im Ammoniak entstehen und infolge des überwiegenden Einflusses dieser sauerstoffhaltigen Gruppen den Charakter des Ammoniak-Moleküls so weit verloren haben, dafs sie nicht mit Säuren, sondern mit Basen Salze bilden. [1])

Die vorstehenden Ausführungen enthalten die Antwort auf einen Einwurf, den man gegen die Typentheorie erhoben hat.

Lavoisier, so warf man ein, legte hohes Gewicht auf die Fundamentalunterschiede zwischen den Säuren, Oxyden und Salzen. Ist es erlaubt, sie durcheinander zu mengen, wie die Typentheorie es thut? Sollten das kaustische Kali und unterchlorige Säure, die in ihren Eigenschaften so wenig gemein haben, in dieselbe Form passen und, was noch mehr

---

[1]) Gerhardt und Chiozza beschreiben in ihrer Abhandlung über die Amide (Comptes rendus, t. XXXVII, p. 86) primäre, secundäre und tertiäre Amide, die durch Substitution von 1, 2 oder 3 Säureradicalen für 1, 2 oder 3 Atome Wasserstoff des Ammoniaks entstehen.

Primäres Amid.	Secundäres Amid.	Tertiäres Amid.
$C^7 H^5 O$ ⎫ H ⎬ N H ⎭	$C^7 H^5 O$ ⎫ $C^7 H^3 O^2$ ⎬ N H ⎭	$C^6 H^4 SO^2$ ⎫ $C^7 H^5 O$ ⎬ N $C^7 H^5 O$ ⎭
Benzamid.	Benzoylsalicylamid.	Dibenzoylsulfophenylamid.

Sie machen darauf aufmerksam, dafs das secundäre Amid in alkoholischer Lösung Lakmus röthet und leicht 1 Atom Wasserstoff gegen 1 Atom Metall austauscht, wie eine eigentliche Säure.

bedeuten will, mit dem Product ihrer Verbindung dem unter-
chlorigsauren Kali vergleichbar sein?

Man kann diese Körper zusammenstellen, ohne sie durcheinander zu mengen. Man unterscheidet sie nach ihren Eigenschaften, man vergleicht sie nach ihrer atomistischen Constitution. Es sind das zwei völlig verschiedene Gesichtspunkte.
Lavoisier hatte auf den ersteren Gewicht gelegt, als er die
Oxyde den Säuren gegenüberstellte. Der zweite lag ihm fern.
Zu seiner Zeit war eine atomistische Theorie noch nicht vorhanden: er konnte sich also nicht mit der Anordnung der
Atome beschäftigen. Jedermann wird zugeben, dafs zusammengesetzte Körper, deren Atome in gleicher Weise gelagert sind,
verschiedene Eigenschaften haben können, wenn die Atome
selbst verschieden sind.

Heifst das die unterchlorige Säure mit dem kaustischen
Kali vermengen, wenn man sagt: diese beiden Körper enthalten eine gleiche Zahl von Atomen in gleicher Weise gelagert, aber der eine enthält Chlor an der Stelle, wo der andere Kalium enthält —? Erklärt nicht dieser Grundunterschied
in ihrer Zusammensetzung den Gegensatz in ihren Eigenschaften? In der That sind sie nicht verschiedener von einander, als es das Chlor vom Kalium ist.

Der genannte Einwurf ist also ohne Bedeutung. Kolbe
hat einen anderen von grölserem Gewicht erhoben; denn
seine Betrachtung scheint den Dingen auf den Grund zu
gehen. „Eure drei oder vier Typen,‟ sagte Kolbe, „sind nur
ein leeres Formenspiel. Warum soll man annehmen, die
Natur habe sich darauf beschränkt, alle Körper nach dem
Muster der Chlorwasserstoffsäure, des Wassers, des Ammoniaks
zu gestalten? Warum eher nach diesen als nach anderen?
Wenn wir nur die organischen Verbindungen in Betracht
ziehen, wäre es da nicht angemessener, sie auf die Kohlensäure
zu beziehen? Aus dieser bildet in Wirklichkeit das Pflanzenreich seine Verbindungen. Der Typus Kohlensäure hat also
seine Berechtigung in der Natur der Dinge, und es scheint

logisch, auf ihn alle organischen Verbindungen zu beziehen, weil sie in der That von ihm abstammen."

Darauf läfst sich zunächst erwidern, dafs das Wasser und das Ammoniak in den Vorgängen des Pflanzenlebens ebenso unerläfsliche Vermittler sind wie die Kohlensäure. Um Wasserstoff und Stickstoff zu assimiliren, müssen die Pflanzen Wasser und Ammoniak zersetzen, wie sie die Kohlensäure zersetzen, um den Kohlenstoff zu assimiliren. Die grofse Arbeit des Aufbaues der organischen Materie erfordert also das Zusammenwirken von drei mineralischen Verbindungen, und wenn man der typischen Auffassung die Frage nach dem Ursprung zu Grunde legen will, so ist kein Grund vorhanden, das Wasser und das Ammoniak zugunsten der Kohlensäure auszuschliefsen. Ueberdies ist es leicht zu zeigen, dafs der Typus Kohlensäure auf den Typus Wasser zurückgeführt werden kann. Ist das Wasser Wasserstoffoxyd, so ist die Kohlensäure Carbonyloxyd, d. h. das Oxyd des Radicals Kohlenoxyd.

Man kann also die Körper von ähnlicher Constitution ebenso gut auf den einen wie auf den andern Körper beziehen. Dabei mufs jedoch bemerkt werden, dafs es bequemer ist, sie mit dem Wasser zu vergleichen; denn dieses enthält 2 Atome Wasserstoff, von denen jedes durch einen andern einfachen Körper oder durch ein Radical vertreten werden kann.

Da die Zahl der Radicale und Elemente sehr beträchtlich ist, so können die Fälle von Substitution bis ins Unendliche variiren. Es giebt also eine unermefsliche Zahl von Verbindungen, die man mit dem Wasser vergleichen kann, wenn man annimmt, der Wasserstoff desselben sei ganz oder theilweise vertretbar.

Aber hat denn diese Hypothese von Elementen oder Radicalen, die sich in so zahlreichen Fällen für den Wasserstoff des Wassers substituiren können, eine zuverläfsige Grundlage? Beruht sie auf Thatsachen, oder ist sie nur eine leere Vermuthung? Es ist Zeit, auf diese Frage zu antworten.

Wirft man ein Stück Kalium auf Wasser, so zersetzt es das Wasser mit solcher Heftigkeit, dafs der freigewordene

Wasserstoff in Berührung mit dem rothglühenden Metallkügel-
chen sich entzündet. In dem zersetzten Wassermolekül wird
der Wasserstoff durch das Kalium vertreten, indem kaustisches
Kali entsteht. Diese Thatsache wird durch die Typentheorie
veranschaulicht, wenn sie sagt: das Kaliumhydrat ist Wasser,
in welchem 1 Atom Wasserstoff durch 1 Atom Kalium vertreten ist.

Betrachten wir nun das organische Chlorid, das Gerhardt
durch Destillation von Natriumacetat mit Phosphorsuperchlorid
erhalten und Acetylchlorid genannt hat. In Berührung mit
Wasser zersetzt es sich augenblicklich. Sein Chlor entzieht
dem Wasser 1 Atom Wasserstoff und bildet Chlorwasserstoff,
und das Radical Acetyl, das aus der Verbindung mit dem
Chlor ausscheidet, tritt an die Stelle des Wasserstoffatoms, das
aus dem Wasser austritt. Die Essigsäure entsteht demgemäß
durch einen Austausch von Elementen zwischen dem Acetylchlorid und dem Wasser. Das letztere ist also in Wirklichkeit
zu Essigsäure geworden durch Substitution des Radicals Acetyl
für 1 Atom Wasserstoff. Die Typentheorie giebt eben dieser
Thatsache Ausdruck, wenn sie der Essigsäure, d. h. dem Ace-
tylhydrat, eine überaus einfache Formel zuertheilt, die gewissermaßen nach dem Modell der Wasserformel geschrieben ist. [1])

Diese Formel ist nur ein Ausdruck für die Reaction, von
der wir reden; sie entspricht einer der Bildungsweisen der
Essigsäure; sie nimmt in dieser Säure ein Radical an, das
unverändert durch doppelte Zersetzung aus einer Verbindung
in die andere übergeführt werden kann; sie erinnert in ein-
fachster Weise an die Beziehungen zwischen der Essigsäure,
dem Acetylchlorür, dem Aldehyd oder Acetylhydrid, dem
Aceton oder Acetyl-Methylid, dem Acetamid, dem Essigsäure-
Anhydrid, kurz zwischen allen Verbindungen, die das Radical
Acetyl enthalten.

Ebenso verhält es sich mit allen andern typischen Formeln. Sie beruhen auf eingehenden Studien der Reactionen,
deren treue Spiegelbilder sie sind, und stellen die Verwandt-

---

[1]) Siehe oben Anm. auf S. 92. 93.

schaftsbeziehungen dar, die aus diesen Reactionen hervorgehen.
Diese Reactionen aber sind im Allgemeinen doppelte Zersetzungen, welche die Radicale unberührt lassen; unverändert
gelangen diese durch Austausch aus einer Verbindung in die
andere. Nichts kann einfacher und klarer sein als die Wiedergabe dieser Metamorphosen in der typischen Schreibweise.
Hierin lag der wichtigste Gewinn, den der Gedanke der Typen
einschlofs. Um diese ihre eigentliche Bedeutung zu bezeichnen,
hatte sie Gerhardt „Typen der doppelten Zersetzung" genannt.

Die typischen Formeln sind also Bilder der Reactionen, und in den Thatsachen selbst beruht der Ursprung
und die Berechtigung ihrer Idee. Soll damit gesagt sein, dafs
diese Theorie alle Thatsachen zu deuten vermag? dafs die
typischen Symbole und Gleichungen alle Reactionen auszudrücken geeignet sind? Unmöglich. Unter den vielen Metamorphosen, die die Körper organischen Ursprungs erleiden
können, hat die Typentheorie die einfachsten ausgewählt, diejenigen, durch welche die äufsere Form des chemischen Moleküls
und die Natur seiner Anhängsel eine Veränderung erfährt, ohne
dafs der Körper der Substanz, sein zusammengesetztes Radical,
angegriffen wird. Es giebt jedoch Reactionen, in denen auch
letzteres eine Veränderung oder eine Zersetzung erleidet. Statt
unversehrt in eine andere Verbindung überzugehen, kann es
dem Angriff erliegen. Solche tief eingreifenden Metamorphosen sind im Allgemeinen keine doppelten Zersetzungen und
lassen sich nicht mehr durch die verhältnifsmäfsig einfachen
Formeln, durch welche diese veranschaulicht werden, zur Darstellung bringen.

Wir haben die Typentheorie von ihrem Ursprung durch
ihre Entwicklungen hindurch verfolgt. Hier stehen wir an
ihrer Grenze. Sie hat der Radicaltheorie die Vorstellung von
Atomgruppen entnommen, die sich wie einfache Körper verhalten; aber statt sie als Körper aufzufassen, denen eine reelle
Existenz und Verbindungsfähigkeit zukommt, wie sie den Elementen eigenthümlich ist, sah sie in ihnen Reste, Rückstände,
die an die Stelle einfacher Körper treten und so eine grofse

Zahl von Verbindungen bilden können, die nur wenigen Typen angehören. Berzelius hatte eine Menge Radicale nach Gutdünken angenommen und gemeint: man wird später lernen, sie zu isoliren. Gerhardt dagegen sagte: Radicale sind die Ueberbleibsel von Molekülen, die in freiem Zustande nicht bestehen, aber in den Verbindungen, in denen sie vorkommen, für einfache Körper substituirt werden können. So hat die Typentheorie sich den Begriff der Radicale in der Weise angeeignet, dafs sie ihm vermöge des Begriffs der Substitution eine neue Bedeutung gab. Sie wufste diese beiden Begriffe den bis dahin feindlichen Theorien anzupassen und hat damit deren Gegensatz ausgelöscht.

Aber sie hat die Constitution der Radicale, die sie annahm, nicht weiter zu ergründen versucht. Sie stellte sie in einer ungetheilten Formel als Gruppen eng verbundener Atome dar, sie verfolgte sie in ihrem Uebergang aus einer Verbindung in die andere; wo aber diese selbst eine Zersetzung erleiden, war die Theorie in den meisten Fällen aufser Stande, solche tiefgreifende Umbildung, die in den eigentlichen Körper des organischen Moleküls eingreift, zu veranschaulichen, da sie nichts von dem Bau der Radicale weifs.

Eine Theorie ist gut, wenn sie die Thatsachen in logischer Folge zu ordnen vermag. Sie ist fruchtbar, wenn sie Entdeckungen zu Tage fördert und in sich den Keim zu wichtigen Fortschritten trägt. Die Typentheorie hat alles dieses für sich aufzuweisen. Aus ihrer letzten Fortbildung ist eine neue, allgemeinere Anschauung hervorgegangen, die dem bezeichneten Mangel abhilft. Wir meinen die Theorie von der Atomigkeit. Aber es ist hier nicht der Ort, diese zu erörtern, wir beschränken uns auf die Andeutung, dafs ihre Wurzeln in der Typentheorie liegen. Diese Theorie hatte in der letzten Phase ihrer Entwicklung condensirte Typen und gemischte Typen aufgestellt. Williamson hatte die Schwefelsäure auf 2 Moleküle Wasser bezogen, in denen 2 Atome Wasserstoff durch das zweibasische Radical Sulfuryl vertreten werden. Dies Radical, das also für 2 Atome Wasserstoff in der Weise

substituirt werden kann, dafs es in 2 Molekülen Wasser je
1 Atom Wasserstoff vertritt, hält die Reste der beiden Moleküle zusammen und verkettet sie zu einem einzigen condensirten Molekül.[1]) So entstand die Lehre von den mehratomigen Radicalen. Auf solche condensirte Typen bezog auch
Gerhardt nach Williamson's Vorgang die Säuren, die der
Schwefelsäure analog mehrere Moleküle Basis sättigen.

Diese mehratomigen Radicale spielen eine analoge Rolle
in den gemischten Typen. Man betrachte ein Molekül Wasser,
das einem Molekül Chlorwasserstoffsäure zur Seite steht. Man
kann sich das Wasserstoffatom der letzteren und 1 Wasserstoffatom des anliegenden Wassermoleküls zusammen durch ein
zweibasisches Radical, z. B. durch Sulfuryl, vertreten denken.
Alsdann wird dies Radical das Molekül Wasser, das 1 Atom
Wasserstoff verloren hat, dem Molekül Chlorwasserstoffsäure,
das gleichfalls seinen Wasserstoff verloren hat, anheften. Die
beiden Moleküle werden so durch das zweibasische Radical zu
einem einzigen verkettet. Auf diese Weise gelangen wir zu
dem, was Odling einen gemischten Typus genannt hat.[1])

Das sind die letzten Phasen in der Entwicklung der
Typentheorie. Sie bezeichnen den Anfang einer neuen Periode,
in die die Wissenschaft eintritt: diejenige, in der sie sich in
diesem Augenblicke befindet. Wir werden also Gelegenheit
haben, auf sie zurückzukommen, wenn wir auf die Theorien
der Gegenwart näher eingehen.

---

[1]) Folgende Formeln veranschaulichen den Begriff der condensirten Typen und der gemischten Typen und die Rolle der mehratomigen Radicale in den Verbindungen, die auf diese Typen bezogen werden:

$$\left.\begin{array}{c}H \\ H\end{array}\right\}O \qquad \left.\begin{array}{c}H \\ (SO^2)''\end{array}\right\}O^2 = \left.\begin{array}{c}(SO^2)'' \\ H^2\end{array}\right\}O^2 \qquad \left.\begin{array}{c}H \\ H\end{array}\right\}O \qquad \left.\begin{array}{c}H \\ (SO^2)''\end{array}\right\}O$$
$$\left.\begin{array}{c}H \\ H\end{array}\right\}O \qquad \left.\begin{array}{c}H \\ H\end{array}\right. \qquad \qquad \left.\begin{array}{c}H \\ Cl\end{array}\right\} \qquad \left.\begin{array}{c}Cl\end{array}\right.$$

| 2 Moleküle Wasser (condensirter Typus). | 1 Molekül Schwefelsäure. | 1 Mol. Wasser und 1 Mol. Chlorwasserstoffsäure (gemischter Typus). | Chlorschwefelsäure. |

Gerhardt hat die Genugthuung erlebt, die meisten seiner Ansichten zum Siege gelangen zu sehen; aber er ist nicht mehr Zeuge der fruchtbaren Umbildung gewesen, die sie in der jüngsten Zeit erfahren haben. Er ist, nur vierzig Jahre alt, bald seinem Freund und Vorgänger Laurent in das Grab gefolgt.

Beide sind jung gestorben, von übermäfsiger Arbeit erschöpft, und ohne dafs sie jene Gunst und Popularität gefunden hätten, die zu Ehren führt. Auch haben sie sie nicht gesucht. Von reiner Liebe zur Wissenschaft erfüllt, sind sie auf Wegen in dieselbe eingedrungen, welche der grofsen Menge unzugänglich sind. Unabhängigen Geistes, haben sie den Schulstaub von sich abgeschüttelt und voll heifsen Muthes nicht den Kampf verschmäht, in welchem sie mehr Gegner als ernsten Widerspruch fanden und dem mächtigsten Vertreter dieses Widerspruchs, Berzelius, festen Stand hielten.

Wenn auch einzelne ihrer Ansichten unzureichend, ihre Ausdrucksweise hier und da übertrieben gewesen sein mag, so sind sie dennoch als Sieger aus diesem Streite hervorgegangen und haben ihren Nachfolgern ein grofses Beispiel und der Geschichte zwei unzertrennlich verbundene Namen hinterlassen.

DIE HEUTIGEN THEORIEN.

Die Typentheorie hat eine aufserordentlich grofse Anzahl mineralischer und organischer Verbindungen umfafst und klassificirt, indem sie sie mit einer kleinen Zahl sehr einfacher Verbindungen verglich; sie hat die Schranken beseitigt, welche die Gewohnheit zwischen der Mineralchemie und der organischen Chemie aufgerichtet hatte. Sie hat eine Masse der allerverschiedensten Körper, ohne Rücksicht auf ihren Ursprung, verglichen und geordnet. Darauf verzichtend, die Constitution der Körper zu enthüllen, hat sie dieselben nach ihren Umwandlungen in Gruppen eingetheilt und eine vortreffliche Nomenclatur geschaffen, die, klar in ihrer Ausdrucksweise, zum Werkzeug für zahlreiche Entdeckungen ward, weil sie verwandtschaftliche Beziehungen und Analogien auf den ersten Blick zu erkennen gestattete.. Sie besafs mit einem Wort alle Eigenschaften und alle Vortheile einer guten Theorie. Aber sie ging den Dingen nicht auf den Grund, und ihr Princip schien sogar etwas Erkünsteltes zu haben. Sie nahm typische Verbindungen an, ohne einen Grund dafür anzugeben. Was bedeuten die Typen Wasserstoff, Wasser, Ammoniak? und weshalb wählte man eben diese und keine anderen? Diese wichtige Frage hat die Typentheorie sich anfangs nicht gestellt; heute ist dieselbe gelöst. Diese Typen vertreten verschiedene Verbindungsformen, welche mit einer Grundeigenschaft der Atome zusammenhängen, die wir „Atomigkeit" nennen. Hier begegnen wir einer neuen Idee, der Grundlage der heutigen Wissenschaft. Mit ihrem Ursprung und ihrer Entwicklung nun verhält es sich folgendermafsen.

I.

In seinen denkwürdigen Untersuchungen über die Zusammensetzung der Salze, war Berzelius darauf geführt worden, einen wichtigen Satz, welchen Richter zuerst ausgesprochen hatte, zu bestätigen und zu präcisiren, den nämlich: daſs die Sättigungscapacität eines Oxydes von der Sauerstoffmenge abhängt, welche es einschlieſst. In allen neutralen Salzen existirt ein constantes Verhältniſs zwischen der Sauerstoffmenge des Oxydes und der Sauerstoffmenge der Säure. Das ist die Ausdrucksweise, welche Berzelius diesem Gesetze gab. Im Jahre 1811 ausgesprochen, hat es eine neue Stütze für die Atomtheorie geliefert, welche sich damals zu verbreiten anfing. Man kann sagen, daſs es als eine Consequenz dieser Theorie auftritt. In der That, da die Verbindung zwischen einem Oxyd und einer Säure immer in denselben Verhältnissen stattfindet, und da die kleinsten Mengen dieses Oxydes und dieser Säure, welche mit einander zusammentreten können, eine bestimmte Zahl von Sauerstoffatomen einschliefsen, so ist klar, daſs das Verhältniſs zwischen dem Sauerstoff des Oxydes und dem der Säure unveränderlich sein muſs.

Die kleinste Menge Calciumoxyd, die existiren kann, enthält 1 Atom Sauerstoff; die kleinste Menge wasserfreie Schwefelsäure, die man sich vorstellen kann, enthält 3 Atome Sauerstoff. Diese Mengen nannte man ein „Aequivalent" des Oxydes und der Säure. Diese „Aequivalente" sind es, die sich verbinden.

Der schwefelsaure Kalk schlieſst also 1 Aequivalent Schwefelsäure und 1 Aequivalent Calciumoxyd ein, und alle Sulfate, deren Oxyd, wie der Kalk, 1 Atom Sauerstoff einschlieſst, haben eine analoge Zusammensetzung.

Nun hatte aber Berzelius zuerst erkannt, daſs das Aluminiumoxyd oder die Thonerde, die Erde, welche im Thon vorkommt und aus dem Alaun dargestellt werden kann,

3 Atome Sauerstoff auf 2 Atome Metall enthält.[1]) Indem er
auf das schwefelsaure Aluminium das Gesetz der Zusammensetzung anwandte, welches er für die Sulfate entdeckt hatte,
nahm er an, dafs dieses Salz auf 1 Aequivalent Aluminium
3 Aequivalente Schwefelsäure enthält. In der That, damit
das Verhältnifs 1 : 3 in einem solchen Sulfat aufrecht erhalten
bleibe, mufs das Oxyd, welches 3 Atome Sauerstoff enthält,
in der Säure deren 9 vorfinden; es mufs sich also mit 3 Aequivalenten Schwefelsäure verbinden. Die Oxyde des Eisens,
Chroms, Mangans besitzen eine ähnliche Zusammensetzung,
wie das Aluminiumoxyd und verbinden sich, wie dieses, mit
3 Aequivalenten Schwefelsäure.

Die Zusammensetzung der verschiedenen Sulfate zeigt daher einen fundamentalen Unterschied in den Eigenschaften der
beiden Klassen von Oxyden an, von denen der Kalk und die
Thonerde die Repräsentanten sind.

Während 1 Molekül der einen sich mit nur 1 Molekül
Schwefelsäure vereinigt, verbindet sich 1 Molekül der andern
mit 3 Molekülen derselben Säure; und dennoch betrachtete
man durch eine wunderliche Begriffsverwirrung das Molekül
Kalk als das Aequivalent von einem Molekül Thonerde, obgleich diese letztere sich mit einer dreimal gröfseren Menge
Schwefelsäure verbindet. Diese Inconsequenz war dem durch-
dringenden Verstande Gay-Lussac's nicht entgangen, und Diejenigen, welche vor 40 Jahren seine Vorlesungen an der poly
technischen Schule gehört haben, erinnern sich, dafs er sie
hervorhob und corrigirte. Um die Formel der schwefelsauren
Thonerde mit der des schwefelsaueren Kalkes in Harmonie zu

---

[1]) Nach dem System der Atomgewichte, welche Berzelius 1815
angenommen hatte, betrachtete er zuerst das Eisenoxyd und das
Aluminiumoxyd als zusammengesetzt aus 1 Atom Metall und 3 Atomen
Sauerstoff. Später (1826) veränderte er diese Ansicht, indem er dem
Eisen und dem Aluminium halb so grofse Atomgewichte gab und
ihren Oxyden die Formeln $Fe^2 O^3$ und $Al^2 O^3$, welche noch heute im
Gebrauch sind.

bringen, schnitt er das Molekül der Thonerde in 3 Theile und
nahm darin 1 Atom Sauerstoff auf 2 Atome Aluminium an,
und diese Menge Oxyd ist in dem Sulfat mit einem einzigen
Molekül Schwefelsäure verbunden. Durch diese Verhältnifszahl
für das Oxyd bezeichnete er das wahre Aequivalent der Thonerde in Bezug auf den Kalk; denn es ist klar, dafs man als
äquivalent nur diejenigen Oxydmengen ansehen kann, welche
sich mit derselben Menge Säure verbinden.

Aber die Formeln Gay-Lussac's wurden nicht anerkannt,
und die Chemiker haben, gleichsam instinctmäfsig, die Formeln
von Berzelius beibehalten, welche in der That die wahren
Molekulargröfsen und einen so deutlichen Unterschied in der
Verbindungscapacität der beiden Klassen von Oxyden ausdrücken, von welchen die einen, wenn man so sagen darf,
einsäurig und die andern dreisäurig sind.

Eine Verschiedenheit derselben Art ward später für die
Säuren bewiesen. Jedermann kennt die schönen Entdeckungen von Graham, der in die Wissenschaft die Bezeichnung der
mehrbasischen Säuren eingeführt hat, welche gewissermafsen
derjenigen der eben erwähnten mehrsäurigen Basen pa-
rallel ist.

Den Chemikern waren gewisse Unterschiede in den Eigenschaften der Phosphorsäurelösungen aufgefallen, je nachdem
diese Lösungen mit wasserfreier Säuren, oder mit glasiger Säure
bereitet waren oder aber einige Zeit gestanden hatten. Berzelius,
welcher annahm, dafs die Verbindung des Sauerstoffs und des
Phosphors, welche in diesen Lösungen besteht, immer dieselbe
ist, hatte die Ursache dieser Unterschiede in einem besondern
Zustand der Materie, in einer verschiedenen Anordnung der
Atome gesucht. Er nahm zuerst an, dafs Körper, welche
dieselbe Zusammensetzung haben, verschiedene Eigenschaften zeigen können, wenn dieselben Elemente darin auf verschiedene Weise verbunden sind. Diese und andere Thatsachen, welche hier nicht erwähnt zu werden brauchen, haben
in die Wissenschaft die Bezeichnung der Isomerie eingeführt,

welche heute darin eine so wichtige Stelle einnimmt und den
Scharfsinn der Chemiker so sehr in Anspruch genommen hat.
Aber durch einen sonderbaren Zufall hat sich herausgestellt,
dafs die verschiedenen Phosphorsäuren der Klasse der isomeren Körper nicht angehören: sie haben nicht dieselbe Zusammensetzung. Freilich enthalten sie alle die Verbindung des
Sauerstoffs mit dem Phosphor, welche Berzelius darin annahm.
Aber dieser sauerstoffhaltige Körper, die wasserfreie Säure,
ist darin mit verschiedenen Mengen Wasser verbunden. In
seiner klassischen Abhandlung hat Graham drei Verbindungen
des Wassers mit wasserfreier Phosphorsäure kennen gelehrt.
Auf 1 Molekül dieser wasserfreien Säure enthält die erste
1 Aequivalent, die zweite 2 Aequivalente, die dritte 3 Aequivalente Wasser.[1]) Dies sind die wahren Phosphorsäuren, und
man sieht, dafs sie sich in ihrer Zusammensetzung von einander unterscheiden. Auch hat Graham sie mit verschiedenen
Namen bezeichnet, welche ihnen geblieben sind, und heute
denkt Niemand mehr daran, sie als isomer zu betrachten.

Die Zusammensetzung ihrer Salze ist der der Säuren selbst
analog. Die einfach gewässerte Säure nimmt 1 Aequivalent
Oxyd, die dreifach gewässerte nimmt deren 3 auf. Die erstere
giebt mit Silbernitrat einen weifsen, die letztere einen gelben
Niederschlag. In diesen Unterschieden, welche die ersten
Beobachter befremdet hatten, liegt nichts Unregelmäfsiges, denn
sie beruhen auf Verschiedenheiten in der Zusammensetzung.
Der weifse Niederschlag, das Silbermetaphosphat, enthält 1 Atom
Silber; der gelbe Niederschlag, das gewöhnliche Phosphat, enthält deren 3. Man sagt deshalb: die Metaphosphorsäure ist ein-
basisch und die gewöhnliche Phosphorsäure dreibasisch. Hier

---

[1]) Die Zusammensetzung der Phosphorsäuren nach Aequivalenten
ist folgende:

	Aequivalentformeln.	Atomistische Formeln.
Phosphorsäure	PhO^5, $3 HO$	$H^3 Ph\ O^4$
Pyrophosphorsäure . .	PhO^5, $2 HO$	$H^4 Ph^2 O^7$
Metaphosphorsäure . .	PhO^5, HO	$H\ Ph\ O^3$

sind wir an dem Punkte angelangt, den wir aufklären wollten.
Es giebt Säuren, deren Molekül so beschaffen ist, dafs es zu
seiner Sättigung ein einziges Aequivalent einer gewissen Base
erfordert; andere Säuren erfordern 2, andere 3 Aequivalente
derselben. Haben die Moleküle dieser Säure gleichen Werth,
sind sie untereinander äquivalent? Keineswegs, da ihre Verbindungscapacität, welche durch die Basenmenge ausgedrückt
wird, welche sie sättigen; im Verhältnifs 1 : 2 : 3 von einander
abweicht.

Vergleichen wir z. B. die Salpetersäure, Schwefelsäure
und Phosphorsäure. Um ein vollständig gesättigtes Salz zu
bilden, vereinigt sich die erste mit 1 Molekül Kali, die zweite
mit 2, die dritte mit 3 Molekülen, und wenn wir die Säure-
moleküle betrachten, welche dieselbe Menge Basis sättigen, so
müssen wir annehmen, dafs 1 Molekül Schwefelsäure mit 2 Molekülen Salpetersäure und 1 Molekül Phosphorsäure mit 3 Molekülen Salpetersäure gleichwerthig ist. Das ist die wichtige
Anschauung von den mehrbasischen Säuren.

Sie hat dieselbe Bedeutung und dieselbe Tragweite, wie
die Existenz der mehrsäurigen Basen, ohne dafs man zwanzig
Jahre hindurch an diesen Vergleich gedacht hätte. Diese beiden
Bezeichnungen sind in der Wissenschaft isolirt geblieben und
wie verloren für die Theorie. Ihre Verkettung wurde erst
durch neue Untersuchungen aufgeklärt.

Was Berzelius für die Thonerde und das Eisenoxyd angenommen hatte, welche er auffafste als ausreichend zur Sättigung von 3 Molekülen Säure, das hat Berthollet für das
Glycerin bewiesen, von dem er die Auffassung hatte, dafs es
3 Moleküle Säure erfordere, um einen völlig gesättigten neutralen Fettkörper zu bilden. Man hatte bereits vor ihm erkannt, dafs das Glycerin die Rolle eines Alkohols spielt, d. h.
eines organischen Hydrats, welches zusammengesetzte Aether
bilden kann, indem es sich mit Säuren vereinigt. Vor 50 Jahren,
zu einer Zeit, als die organische Chemie noch kaum ins Leben
getreten war, hatte Chevreul in seinen ausgezeichneten Arbeiten
über die Fettkörper die näheren Bestandtheile der Fette und Oele

mit den Aethern verglichen. Das war eine grofse und fruchtbare
Idee, ein Lichtstrahl inmitten tiefer Nacht. Sie wurde durch
das aufmerksame Studium der Verseifungserscheinungen erzeugt
und erlaubte den folgenden Vergleich anzustellen: Ebenso wie
die zusammengesetzten Aether sich unter dem Einflusse von
Alkalien zerlegen, ebenso zersetzen sich die neutralen Fettkörper unter dem Einflufs von Basen in Glycerin und in Salze,
die wir Seifen nennen. Das Glycerin spielt daher für den
neutralen Fettkörper dieselbe Rolle, die der Alkohol für den
Aether spielt. Es ist ein Alkohol.

Aber während der gewöhnliche Alkohol sich nur mit
1 Molekül einer einbasischen Säure zu einem zusammengesetzten Aether verbindet, nimmt das Glycerin bis 3 Moleküle einer solchen Säure auf, um einen neutralen Fettkörper
zu bilden. So enthält das Stearin, welches in die Zusammensetzung der meisten thierischen Fette eintritt, die Elemente von
3 Molekülen Stearinsäure, und diese Verbindung geht unter
Austritt von 3 Molekülen Wasser vor sich. Dieser tristearin-
saure Aether ist jedoch nicht die einzige Verbindung, welche
das Glycerin mit Stearinsäure bilden kann. Statt mit 3 Molekülen, kann sich dasselbe mit 2 Molekülen Säure verbinden,
indem 2 Moleküle Wasser austreten. Es kann auch ein einziges Molekül Säure aufnehmen, indem nur 1 Molekül Wasser
austritt. Es existiren also drei bestimmte Verbindungen von
Stearinsäure und Glycerin, welche 1, 2 oder 3 Moleküle Stearinsäure einschliefsen. Alle sind gegen Lakmuspapier neutral,
aber nur eine derselben kann als mit Säure gesättigt angesehen werden, diejenige nämlich, welche 3 Moleküle derselben
enthält. Diese Thatsachen sind von Berthollet entdeckt und
im Jahre 1854 in einer mit Recht berühmten Abhandlung veröffentlicht worden. Ihre theoretische Wichtigkeit ist dem Verfasser nicht entgangen, welcher sich darüber folgendermafsen
ausspricht: „Diese Thatsachen zeigen uns, dafs das Glycerin
zum Alkohol dieselbe Stellung einnimmt, wie die Phosphorsäure zur Salpetersäure. Während die Salpetersäure nur eine
Reihe neutraler Salze liefert, erzeugt die Phosphorsäure deren

drei: die gewöhnlichen Phosphate, die Pyrophosphate und die Metaphosphate. Diese drei Reihen von Salzen reproduciren, wenn man sie durch energische Säuren bei Anwesenheit von Wasser zersetzt, eine und dieselbe Phosphorsäure.

Ebenso giebt das Glycerin drei Reihen verschiedener neutraler Verbindungen, während der Alkohol nur eine einzige Reihe von neutralen Aethern bildet. Diese drei Reihen reproduciren bei ihrer vollständigen Zersetzung, bei Gegenwart von Wasser, einen und denselben Körper, das Glycerin. [1])

Der Zusammenhang, welchen Berthelot zwischen dem Alkohol und der Salpetersäure einerseits und dem Glycerin und der Phosphorsäure andrerseits festgestellt hat, ist nur unter der Bedingung richtig, dafs die Säure, welche mit dem Glycerin verglichen wird, die dreibasische Phosphorsäure ist. Diese Säure braucht zu ihrer Sättigung 3 Moleküle von einer Base wie das kaustische Kali, aber sie ist im Stande, nur 2 oder nur ein einziges Molekül einer solchen Base aufzunehmen, und so erhalten wir drei Reihen von Phosphaten mit 1, 2 oder 3 Aequivalenten Base, entsprechend den drei Reihen von Glycerinverbindungen mit 1, 2 oder 3 Aequivalenten Säure. Ebenso wie diese drei Reihen von Phosphaten nur eine einzige Säure enthalten, die dreibasische Phosphorsäure, ebenso enthalten die´ drei Reihen von Glycerinverbindungen nur eine einzige Base, das dreiatomige Glycerin. Es war deshalb ungenau, die Verbindungen des Glycerins mit 2 Aequivalenten Säure mit den Pyrophosphaten, und die Verbindungen des Glycerins mit einem Aequivalent Säure mit den Metaphosphaten zu vergleichen. Diese drei Säuren sind in ihrer Sättigungscapacität grundverschieden. Wenn das Glycerin, dreiatomig, wie man sich heute ausdrückt, der dreibasischen Phosphorsäure ähnlich ist, so kann man es in Bezug auf seine Sättigungscapacität nicht mit der zweibasischen Pyrophosphorsäure und der einbasischen Metaphosphorsäure vergleichen. Das Glycerin gleichzeitig mit einer drei-

---

[1]) Annales de chimie et de physique, dritte Reihe, Band LXI, pag. 319.

basischen, zweibasischen und einbasischen Säure vergleichen, das hiefse, ihm gleichzeitig den Charakter eines dreiatomigen, zweiatomigen und einatomigen Alkohols zuerkennen. Hier war in den Ideen eine Verwirrung, die in den Thatsachen nicht existirt; denn die Versuche von Berthelot waren richtig und bezeichnen einen sehr bedeutenden Fortschritt, die Entdeckung der mehratomigen Alkohole.

Die richtige Interpretation aller dieser Thatsachen gab einige Monate später Wurtz in einer Notiz: „Theorie der Glycerinverbindungen." Das Glycerin wird darin dargestellt als ein dreibasischer Alkohol, welcher 3 Aequivalente Wasserstoff enthält, die durch drei Gruppen oder zusammengesetzte Radicale vertreten werden können. Die drei von Berthelot erhaltenen Reihen von Glycerinverbindungen wurden angesehen als Abkömmlinge dieses dreibasischen Alkohols durch Substitution von 1, 2 oder 3 Radicalen an der Stelle von 1, 2 oder 3 Atomen Wasserstoff. So erscheint das Tristearin als Glycerin, in welchem 3 Atome Wasserstoff durch 3 Radicale der Stearinsäure (Stearyl) ersetzt sind.

Es würde unnöthig sein, diese Interpretation zu erwähnen, wenn die Glycerinformel, welche bei dieser Gelegenheit vorgeschlagen wurde, nicht, wie wir gleich sehen werden, eine wichtige Entwicklung der Radicaltheorie veranlafst hätte.

II.

Die Typentheorie war bereits durch Williamson und Gerhardt verjüngt worden. Die mineralischen und organischen Körper wurden von einer kleinen Anzahl typischer Verbindungen durch Substitution von Radicalen an der Stelle von Wasserstoff abgeleitet. Williamson hat es zuerst ausgesprochen, dafs die Schwefelsäure von 2 Molekülen Wasser durch Substitution des zweibasischen Radicals der Schwefelsäure (des Radicals Sulfuryl) an der Stelle von 2 Atomen Wasserstoff abgeleitet werden könne. Indem Wurtz diese Idee auf das Glycerin anwandte, leitete er diesen Körper von 3 Molekülen

Wasser ab, durch Substitution des dreibasischen Radicals Glyceryl an der Stelle von 3 Atomen Wasserstoff, und einen Schritt weiter gehend, versuchte er den theoretischen Grund dieser auffallenden Eigenschaft des Glycerinradicals anzugeben, das gleichsam in 3 Wassermoleküle eingreift, indem es in jedem derselben 1 Atom Wasserstoff substituirt. Er machte darauf aufmerksam, dafs das Radical Glyceryl, bestehend aus 3 Atomen Kohlenstoff und 5 Atomen Wasserstoff, sich durch den Mindergehalt von 2 Atomen Wasserstoff von dem Radical Propyl unterscheidet, welches sich für ein einziges Atom Wasserstoff substituiren kann. In der That nimmt im Propylalkohol das Propyl den Platz von 1 Atom Wasserstoff in 1 Molekül Wasser ein. Der Verlust von 2 Atomen Wasserstoff, durch welchen das Propyl in Glyceryl übergegangen ist, hat also die Sättigungscapacität des ersteren Radicals um 2 Einheiten vermehrt. Mit andern Worten: das einbasische Radical ist dreibasisch geworden, indem es 2 Atome Wasserstoff verlor. Dieser Gesichtspunkt war neu und hat zu wichtigen Folgerungen in Bezug auf die Sättigungscapacität der Radicale geführt. Die Sättigungscapacität, welche man Atomigkeit genannt hat, war damit auf die Zusammensetzung der Radicale selbst zurückgeführt. Sie hängt ab von der Anzahl von Wasserstoffatomen, welche die letzteren enthalten, indem für jedes dieser Atome, welches einem Kohlenwasserstoff entzogen wird, die Atomigkeit um eine Einheit zunimmt. Diese Ideen erhielten bald darauf eine experimentelle Bestätigung, welche zu ihrer Verbreitung beitrug.

Um einen neutralen Aether zu bilden, nimmt der Alkohol nur 1 Molekül einer einbasischen Säure auf; das Glycerin kann bis zu 3 Molekülen aufnehmen. Es müssen daher intermediäre Körper zwischen dem Alkohol und dem Glycerin existiren, die fähig sind, 2 Moleküle einer Säure zu ätherificiren. Das ist die Schlufsreihe, welche zur Entdeckung der Glycole oder zweiatomigen Alkohole geführt hat. Kein bekannter Körper besafs die Eigenschaften einer solchen Art

8*

von Alkoholen, und nachdem ihre Existenz theoretisch vorausgesehen war, mufste man auf Mittel denken, sie darzustellen. Dahin wurde man durch die Betrachtung geführt, welche weiter oben über die Funktionen des Glycerylradicals entwickelt worden sind.

Die zweiatomigen Alkohole müssen ein zweiatomiges Radical enthalten, und das ölbildende Gas oder Aethylen schien die Bedingungen eines solchen Radicals zu erfüllen. Es enthält in der That 1 Atom Wasserstoff weniger als das einatomige Radical Aethyl; es mufs also zweiatomig sein. Wirklich verbindet es sich mit 2 Atomen Chlor, um das Aethylen-dichlorid zu bilden. Wie dem Aethylchlorid oder Chlorwasserstoffsäureäther ein Aethylhydrat entspricht, der Alkohol, so mufs dem Aethylendichlorid 1 Aethylendihydrat entsprechen. Dieses Dihydrat ist der Glycol. Wurtz hat seine Bildung verwirklicht, indem er das Dijodid oder Dibromid des Aethylens auf 2 Moleküle Silberacetat einwirken liefs und durch Kali das Aethylendiacetat zersetzte. welches durch doppelten Umtausch zugleich mit Silberbromid entsteht.

Dieser synthetische Prozefs hat den Charakter einer allgemeinen Methode und konnte ohne Weiteres zur Darstellung von Körpern dienen, die dem Glycol in Zusammensetzung und Eigenschaften analog sind. Wurtz hat dieselben „Glycole" oder „zweiatomige Alkohole" genannt, [1]) um anzuzeigen, dafs ihr Verbindungsvermögen, welches mit der

---

[1]) Das Wort „mehratomig" war kaum vor der Zeit in Gebrauch, in welcher Wurtz' erste Notiz über „das Glycol oder einen zweiatomigen Alkohol" erschien, obwol dasselbe nicht absolut neu war. In einer Abhandlung vom Jahre 1845 (*Annales de chim. et de phys.* 3. Reihe, Bd. XIII, S. 142) hatte Millon einen Unterschied zwischen den einatomigen und mehratomigen Basen, die er ansah als zusammengesetzt aus mehreren Molekülen einer einatomigen Base, und ebenfalls zwischen den einatomigen und mehratomigen Säuren aufgestellt, welche letzteren ebenso durch Vereinigung mehrerer einfacher Moleküle entstehen. Auch ist anzuführen, dafs Malaguti in seinen vortrefflichen *Leçons élémentaires de chimie* 1853, *S.* 331 die Bezeich-

größeren Complication ihres Moleküls zusammenhängt, doppelt so grofs ist als das des gewöhnlichen Alkohols.

Zu dieser Zeit herrschte in der Wissenschaft die Typentheorie. Wir haben schon hervorgehoben, wie sie den Verfasser auf die richtige Interpretation der Beobachtungen über das Glycerin hingeführt hat. Dieselbe Theorie war der Leitfaden, welcher die Entdeckung des Glycols ermöglichte.

Dieser und alle gleichartigen Körper wurden auf den Typus Wasser bezogen, aber auf einen condensirten, aus 2 Molekülen bestehenden Typus. Das Radical Aethylen, welches sich mit 2 Atomen Chlor oder Brom verbindet, kann sich auch an Stelle zweier Atome Wasserstoff in 2 Molekülen Wasser substituiren, die es auf diese Weise, weil es untheilbar ist, mit einander verkettet. Das ist der Gedanke, welchen der Verfasser über die Function des Radicals Aethylen im Glycol aussprach und durch die rationelle typische Formel ausdrückte, welche er diesem Körper beilegte.[1])

---

nung einatomige, zweiatomige, dreiatomige Säuren statt der gebräuchlicheren Ausdrücke einbasische, zweibasische, dreibasische Säuren angewandt hatte.

[1]) Die folgenden Formeln erläutern die Bildung des Glycol und Wurtz's Ansichten über die Functionen des Radicals:

$$(C_2H_4)''J_2 + \begin{matrix} C_2H_3O \\ Ag \end{matrix} \Big\} O = 2\,AgJ + \begin{matrix} C_2H_3O \\ (C_2H_4)'' \\ C_2H_3O \end{matrix} \Big\} O_2$$

Aethylenjodid $\begin{matrix} Ag \\ C_2H_3O \end{matrix}\Big\} O$ Jodsilber   1 Molekül
 Aethylen-
2 Moleküle Silberacetat.   acetat.

Man sieht, dafs die 2 Moleküle Silberacetat zwei Atome Silber verlieren und gegen das zweiatomige untheilbare Radical Aethylen vertauschen, durch welches sie in ein einziges Molekül Aethylendiacetat zusammengeschweifst werden.

$$\begin{matrix} C_2H_3O \\ (C_2H_4)'' \\ C_2H_3O \end{matrix} \Big\} O_2 + \begin{matrix} H \\ K \\ K \\ H \end{matrix} \begin{matrix} \} O \\ \} O \end{matrix} = (C_2H_4)''\begin{matrix} H \\ H \end{matrix}\Big\} O_2 + 2\left[\begin{matrix} C_2H_3O \\ K \end{matrix}\Big\} O\right]$$

Aethylen-   2 Moleküle   Aethylen-   2 Moleküle Kalium-
Diacetat.   Kali.   Dihydrat.   acetat.

Als eine wichtige Folge hat der Verfasser an die Glycole,
die so constituirt sind, nicht nur die neutralen Verbindungen
anreihen können, welche sie mit Säuren bilden, und in welchen
ihr zweiatomiges Radical unberührt bleibt, sondern auch noch
die Säuren, welche aus ihrer Oxydation hervorgehen, und in welchen ihr zweiatomiges Radical sich durch Substitution modificirt.

Durch Oxydation, durch Einfluß des Platinmohrs tauscht
der Alkohol 2 Atome Wasserstoff gegen 1 Atom Sauerstoff aus
und wird zu Essigsäure. Sein Radical wird so durch Substitution modificirt und geht in das Radical Acetyl über.

Unter denselben Umständen und durch eine ganz ähnliche
Reaction verwandelt sich der Glycol in Glycolsäure; aber
während der Alkohol durch Oxydation nur eine einzige Säure
bildet, kann der Glycol deren zwei bilden. Unter dem Einfluß
energischer Oxydationsmittel tauscht er 4 Atome Wasserstoff
gegen 2 Atome Sauerstoff aus und wird zu Oxalsäure. Zwei
Säuren leiten sich also durch Oxydation aus dem Glycol ab,
dessen Radical sich zweimal durch Substitution modificiren
kann, indem es 2 oder 4 Atome Wasserstoff gegen 1 oder
2 Atome Sauerstoff austauscht. Diese Substitution geht in
dem Radical Aethylen vor sich, welches in der Glycolsäure
zu dem Radical Glycolyl, in der Oxalsäure zu dem Radical
Oxalyl wird. Die eine wie die andere dieser Säuren ist
zweiatomig, denn sie hängen mit einem zweiatomigen Alkohol
zusammen; aber während die eine, die Oxalsäure, zweibasisch
ist, ist die andere, die Glycolsäure, nur einbasisch. [1]) Der
Verfasser, welchem man die Kenntniß dieser Reactionen verdankt, hat zuerst darauf hingewiesen, daß die Basicität der
Säuren mit der Anzahl der Sauerstoffatome zunimmt, welche

———— —

[1]) Folgende Formeln drücken die Beziehungen zwischen dem
Alkohol und Glycol und den Säuren aus, welche durch ihre Oxydation
entstehen:

$$\left.\begin{array}{l} C_2 H_5 \\ H \end{array}\right\} O \qquad \left.\begin{array}{l} C_2 H_3 \\ H \end{array}\right\} O \qquad \left.\begin{array}{l} (C_2 H_4)'' \\ H_2 \end{array}\right\} O \qquad \left.\begin{array}{l} C_2 H_2 \\ H_2 \end{array}\right\} O \qquad \left.\begin{array}{l} C_2 O_2 \\ H_2 \end{array}\right\} O_2$$

Alkohol.   Essigsäure.   Glycol.   Glycolsäure.   Oxalsäure.

in ihrem Radical enthalten sind, und daſs strenge genommen
die Ausdrücke mehratomig und mehrbasisch nicht synonym
sind, wenn es sich um Säuren handelt. Er hat diese Reactionen sofort auf andere Glycole, die höheren Homologen des
gewöhnlichen Glycols, ausgedehnt, welche er mit Kohlenwasserstoffen, den höheren Homologen des Aethylens, erhalten hatte,
und unter denen er besonders den Propylglycol und den Amyl-
glycol studirt hat. Durch Oxydation gab der erstere Milchsäure, der zweite eine neue Säure aus der Milchsäurereihe.

Auf diese Weise wurden die mehratomigen und mehrbasischen Säuren auf mehratomige Alkohole bezogen, wie die
einbasischen Säuren, welche der Essigsäure analog sind, früher
auf die einatomigen Alkohole bezogen worden waren.

In Bezug auf die Klassification der organischen Verbindungen erscheinen diese Thatsachen von groſser Wichtigkeit.
Man kann mit Recht behaupten, daſs sie die Veranlassung und
die Quelle einer neuen Darstellungsmethode in der organischen
Chemie wurden. Sie haben in der That erlaubt, eine besondere Gruppe aus den mehratomigen Alkoholen und dem
ganzen Gefolge von Verbindungen, welche sich an diese anschlieſsen, zu bilden, also aus den Kohlenwasserstoffen, welche
ihr Radical ausmachen, und den mehratomigen Säuren, welche
aus ihrer Oxydation hervorgehen, denen man noch die Aldehyde anfügen kann. Alle diese Körper können unter dem
Namen mehratomiger Verbindungen zusammengefaſst und von
den einatomigen Säuren und Alkoholen und allen den Körpern, welche sich an diese anschlieſsen, getrennt werden.
Die Alkohole von verschiedener Atomigkeit sind, wie man
sieht, gewissermaſsen die Grundlage der Klassification geworden, und diese Grundlage ward auſserordentlich erweitert
durch die schönen Versuche Berthelot's über den Mannit und
die zuckerartigen Substanzen. Diese Körper sind, wie bekannt,
als sechsatomige Alkohole charakterisirt worden. Sie verlangen zu ihrer Sättigung 6 Moleküle einer einbasischen Säure,
während das Glycerin deren nur 3, der Glycol nur 2 aufnimmt und der gewöhnliche Alkohol sich mit einem einzigen

begnügt. Um zu würdigen, von welchem Werth diese Dienst-
leistung für die Klassification gewesen ist, genügt es, die
Lehrmethode in das Gedächtnifs zurückzurufen, welche vor
zwanzig Jahren in den Vorlesungen über organische Chemie
üblich war. Nach einer Einleitung über die Zusammensetzung
der organischen Substanzen und über die Analyse folgte gewöhnlich die Beschreibung der neutralen Bestandtheile, welche
das Pflanzenreich liefert, wie der Cellulose, der Stärke und der
zuckerartigen Körper. An diese schlofs man häufig die neutralen Substanzen des thierischen Organismus an, wie das
Albumin und ähnliche Körper. So begann man also mit
den allercomplicirtesten Substanzen, über deren Constitution
man in vollkommener Unkenntnifs war, um dann zu der
Beschreibung der einfacheren Körper überzugehen, welche daraus
durch Zersetzung entstehen, und diese Anordnung wurde einzig
und allein durch die zufällige Uebereinstimmung in gewissen
allgemeinen Eigenschaften bestimmt, wie die Neutralität, die
saure Beschaffenheit, die Alkalität, und keineswegs durch Beobachtungen der verwandtschaftlichen Beziehungen und Ab-
stammung von einander. Alle Säuren wurden zusammengestellt
nur daraufhin, dafs sie Lakmustinktur röthen; alle Alkalien
wurden aus dem Grunde vereinigt, dafs sie sie bläuen. Das
war der Anfang der Wissenschaft; heute gruppirt man die
Körper in aufsteigender Ordnung nach ihrer molekularen Complication, indem man mit den einfachsten anfängt und allmählich
in der Reihe weitergeht, wenn die Moleküle complicirter werden.

Wird aber diese Complication des Moleküls genau und
ausschliefslich durch die Anzahl der Kohlenstoffatome bestimmt,
und mufs man aufs neue als Grundlage der Klassification
Gerhardt's Stufenleiter der Verbrennung (S. 86) annehmen?
Durchaus nicht. Es tritt ein neues Element in die Betrachtungen ein, durch die man die molekularen Complicationen
bestimmt, nämlich die Atomigkeit des Moleküls, seine Sättigungscapacität, die man ausdrücken kann, indem man das Molekül auf einen einfacheren oder complicirteren Typus bezieht,
welcher übereinstimmt mit der Atomigkeit oder Sättigungs-

capacität des Radicals, welches in diesem Molekül enthalten ist. In dieser Hinsicht gehört die Oxalsäure, obgleich sie nur 2 Atome Kohlenstoff einschliefst, einem höheren Verbindungstypus an als die Stearinsäure, welche 18 Atome Kohlenstoff enthält. Die erstere ist zweiatomig und schliefst sich an einen zweiatomigen Alkohol an: die zweite ist einatomig und hängt mit einem einatomigen Alkohol zusammen. Das Princip der allgemeinen Eintheilung, welches heute überwiegt, ist also der Atomigkeit entnommen. Man vereinigt die Körper von gleicher Atomigkeit in grofse Klassen. Die Eigenschaften aller dieser Körper weichen nach der Natur, der Anzahl und der Anordnung der Elemente, welche sie enthalten, von einander ab. Mit Leichtigkeit kann man daher Unterabtheilungen in diesen grofsen Klassen anbringen und die Körper derselben Klasse in Reihen und Familien zusammenordnen.

Die Reihe umfafst diejenigen Körper, welche eine ähnliche Molekularstructur und analoge Eigenschaften haben, während sie in ihrer Zusammensetzung regelmäfsige Abweichungen zeigen, so dafs der Unterschied, den man bei zwei benachbarten Molekülen wahrnimmt, sich bei allen andern auf dieselbe Weise wiederholt. Alle Körper einer und derselben Reihe gehören zu demselben Typus.

Die Familie umfafst alle diejenigen Körper, in deren Zusammensetzung ein gemeinsames Element eintritt, das Radical, welches in die verschiedensten Verbindungen übergehen kann. Diese Verbindungen gehören deshalb verschiedenen Typen an und sind mit unähnlichen Eigenschaften ausgestattet, obgleich sie alle denselben Kern enthalten.

In die Reihe des Alkohols ordnet man alle Körper zusammen, welche mit dem Alkohol gewisse Beziehungen in Zusammensetzung und Eigenschaften haben.

Man gruppirt in dieselbe Familie den Alkohol und alle Körper, welche das Radical des Alkohols, nämlich das Aethyl, enthalten. — Dies sind in wenigen Worten die Principien der Klassification, welche heute in der organischen Chemie in Gebrauch ist. Wie man sieht, tritt die Atomigkeit, d. h. die

Sättigungscapacität der Körper, als herrschendes Element in diesen Betrachtungen auf. Sie steht, wie wir oben gesehen haben, mit der Atomigkeit der Radicale, welche die Verbindungen enthalten, in Beziehung. Es bleibt noch übrig, die Ideen vorzutragen, welche über die Entstehungsweise dieser Radicale ausgesprochen wurden.

Durch die Entdeckung der mehrbasischen Säuren waren Unterschiede in der Sättigungscapacität der Säuren nachgewiesen; die Entdeckung der mehratomigen Alkohole hatte Unterschiede derselben Art in der Verbindungscapacität der Alkohole gezeigt. Es ist zweifelhaft, ob man aus diesen Thatsachen einen allgemeinen Begriff gezogen haben würde, wenn die Typentheorie nicht versucht hätte, die Unterschiede in den Verbindungscapacitäten von Säuren und Alkoholen auf entsprechende Abweichungen in der Sättigung der Radicale zurückzuführen, welche sie einschliefsen.

Man hat gesagt: das dreiatomige Glycerin schliefst ein Radical ein, welches dreiatomig ist, weil ihm 3 Atome Wasserstoff zu seiner Sättigung fehlen; der zweiatomige Glycol schliefst ein Radical ein, welches zweiatomig ist, weil ihm 2 Atome Wasserstoff zu seiner Sättigung fehlen.

Die Atomigkeit der Radicale, welche Wasserstoff und Kohlenstoff einschliefsen, war auf diese Weise zu ihrem Gehalt an Wasserstoff in Beziehung gesetzt, d. h. zu ihrem Sättigungsgrade in Bezug auf dieses Element. Dieser Satz, welcher zuerst von dem Verfasser in der Notiz auf S. 114 ausgesprochen wurde, ist von mehreren Chemikern weiter entwickelt worden. Es ist angemessen, denselben etwas ausführlicher auseinanderzusetzen.

1 Atom Kohlenstoff ist im Grubengas mit 4 Atomen Wasserstoff verbunden, und man ist bisher nicht im Stande gewesen, eine Verbindung von Kohlenstoff und Wasserstoff herzustellen, welche wasserstoffreicher ist. Das Grubengas ist nicht einzig in seiner Art, es ist das erste Glied einer Reihe von Kohlenwasserstoffen, welche alle mit Wasserstoff gesättigt sind, und die in ihrer Zusammensetzung ein regelmäfsiges Aufsteigen der Kohlenstoff- und Wasserstoffatome zeigen, so dafs

jedes derselben von seinen Nachbarn um 1 Atom Kohlenstoff und 2 Atome Wasserstoff abweicht.

Diese Reihe heifst die homologe Reihe des Grubengases. Ihre Glieder sind die wasserstoffreichsten unter der grofsen Anzahl von Kohlenwasserstoffen : sie sind damit gesättigt und können nicht mehr davon aufnehmen, und, was bemerkenswerth ist : sie sind ebenso unfähig, direct ein anderes Element aufzunehmen, wie sie unfähig sind, Wasserstoff zu fesseln. Damit ein anderer einfacher Körper, wie z. B. das Chlor, Platz in ihrem Molekül finden kann, mufs es damit beginnen, Wasserstoff auszutreiben. Mit einem Wort, diese gesättigten Kohlenwasserstoffe sind unfähig, direct in Verbindungen einzutreten: sie können sich nur durch Substitution verändern. Es scheint, dafs alle Affinitäten, welche dem Kohlenstoff innewohnen, durch diejenigen gesättigt sind, welche den Wasserstoffaffinitäten eigen sind, so dafs das Ganze gewissermafsen ein neutrales System bildet, und dieses nennt man einen gesättigten Kohlenwasserstoff.

Wenn man einem solchen Kohlenwasserstoff 1 Atom Wasserstoff entzieht, so bleiben die Affinitäten, welche den Kohlenstoffatomen innewohnen, nicht mehr befriedigt, und der Rest oder das unvollständige Molekül, welches von der gesättigten Verbindung durch 1 Atom Wasserstoff abweicht, wird genau die Sättigungscapacität kundgeben, welche diesem einem Atom Wasserstoff innewohnt. Dieser Rest ist fähig, sich mit 1 Atom Chlor zu verbinden, sich 1 Atom Wasserstoff zu substituiren. Er spielt mit einem Wort die Rolle eines einatomigen Radicals.

Wenn man einem gesättigten Kohlenwasserstoff 2 Atome Wasserstoff entzieht, so sucht der Rest des Moleküls die Affinitäten wiederzugewinnen, welche diesen 2 Atomen Wasserstoff innewohnen. Das unvollständige Molekül kann 2 Atome Wasserstoff oder 2 Atome Chlor fesseln oder sich für 2 Atome Wasserstoff oder Chlor substituiren. Das sind die Merkmale eines zweiatomigen Radicals.

Wenn endlich aus einem gesättigten Kohlenwasserstoff

3 Atome Wasserstoff fortgenommen werden, so wird derselbe dadurch in ein dreiatomiges Radical verwandelt u. s. w.

Nachdem einmal diese Principien für die Bildung von Kohlenwasserstoffradicalen aus gesättigten Kohlenwasserstoffen aufgestellt waren, war es leicht, dieselben auf alle zusammengesetzten Radicale der verschiedensten Natur anzuwenden. Man kann in der That jedes Radical zu einer gesättigten Verbindung in Beziehung setzen, aus der es sich durch den Verlust von einem oder mehreren Elementen ableitet, und der Grad seiner Atomigkeit wird genau durch die Gröfse dieses Verlustes bestimmt, welcher einer gröfseren oder kleineren Anzahl von Wasserstoffatomen entspricht. Auf diese Weise wird die Atomigkeit der Radicale auf ihren Sättigungszustand bezogen. Durch diesen wichtigen Fortschritt ist also zwischen den Functionen der Radicale und ihrer Zusammensetzung ein Zusammenhang festgestellt. Es bedurfte nur eines Schrittes weiter, um diesen Begriff der Sättigung auf die Elemente selbst zu übertragen.

Wie man sieht, hat sich der Begriff der Atomigkeit in historischer Ordnung allmählich, so zu sagen in drei Tagemärschen, in die Wissenschaft eingeführt.

Zuerst hat man die mehratomigen Verbindungen entdeckt.

Darauf hat man diese Mehratomigkeit zu dem Sättigungszustand ihrer Radicale in Beziehung gesetzt.

Endlich ist der Begriff der Sättigung auf die Elemente selbst ausgedehnt worden, den man zuerst auf die Radicale angewandt hatte, und aus dem ihre Atomigkeit sich ableitet.

Ebenso wie die zusammengesetzten Radicale sich durch ihre Sättigungscapacität von einander unterscheiden, sind in der That die Atome der einfachen Körper nicht alle in Bezug auf ihre Verbindungscapacität einander ähnlich. Es giebt Abstufungen in dieser Grundeigenschaft der Atome, und diese Abstufungen kennzeichnen sich als ihre Atomigkeit. Ein bestimmtes Metall vermag nicht mehr als 1 Atom Chlor aufzunehmen, ein anderes nimmt 2 auf, wieder ein anderes verbindet sich mit 3 Atomen Chlor, ein viertes verlangt 4 Atome,

um ein gesättigtes Chlorid zu bilden. Diese ungleiche
Fähigkeit der Metalle, sich mit Chlor zu verbinden, ist tief
in der Natur ihrer Atome begründet, und aus diesem Grunde
bezeichnet man sie mit dem Namen Atomigkeit.

Dieser theoretische Begriff beherrscht heute die ganze Wissenschaft, und es ist deshalb von Wichtigkeit, sorgfältig seinen
Ursprung aufzusuchen und seine Entwicklung zu verfolgen.

III.

Wir wollen einen Augenblick auf die Typentheorie zurückgehen. Laurent hatte die metallischen Protoxyde und ihre
Hydrate mit dem Wasser verglichen; Odling hat die Trioxyde
und ihre Hydrate von mehreren Molekülen Wasser abgeleitet.
Indem er sich an die Auffassung der wasserhaltigen Schwefelsäure erinnerte, wonach dieselbe von 2 Molekülen Wasser abgeleitet worden war, in welchen das Radical Sulphuryl 2 Atome
Wasserstoff ersetzt. hat dieser geistreiche Freund Williamson's
das Wismuthhydrat auf 3 Moleküle Wasser bezogen, in welchen
das Metall Wismuth 3 Atome Wasserstoff ersetzt. Ein einziges Atom dieses Metalls wurde also 3 Atomen Wasserstoff
äquivalent gesetzt, und dieser Substitutionswerth oder Verbin-
dungswerth wurde bezeichnet, indem das Symbol oben mit drei
Accenten versehen wurde.[1]) Diese Schreibweise Odling's ist

---

[1]) Es war dies im Jahre 1854. In demselben Jahre gelegentlich
seiner Entdeckung der Thiacetsäure hat Kekulé auf den Unterschied
zwischen Chlor und Schwefel aufmerksam gemacht, welcher zur Erscheinung kommt, wenn Chlorphosphor und wenn Schwefelphosphor
auf Essigsäure einwirken. In dem letztern Falle entsteht Thiacetsäure
$C_2H_3O.HS$; in dem ersteren aber Chlorwasserstoff und Chloracetyl, weil
das Chlor nicht im Stande ist, die beiden Körper zusammenzuhalten:
$C^2H^4O^2 + PCl^5 = C^2H^3OCl + HCl + PCl_3O$. „Es ist eben nicht
nur ein Unterschied in der Schreibweise, sondern vielmehr wirkliche Thatsache, dass die dem einen untheilbaren Atom Sauerstoff äquivalente
Menge Chlor durch 2 theilbar ist, während der Schwefel wie der Sauerstoff

beibehalten und der Grundsatz, welcher durch dieselbe eingeführt ward, die Nicht-Aequivalenz der elementaren Atome,
seitdem verallgemeinert worden.

Die Atome sind nicht äquivalent; sie zeigen unter sich
eben solche Verschiedenheiten, wie die einbasischen, zweibasischen und dreibasischen Säuren. In einer Abhandlung vom
Jahre 1855 hat der Verfasser der vorliegenden Schrift den
Stickstoff und den Phosphor als dreibasische Elemente bezeichnet (Annales de Chimie et de Physique, 3° série, t. XLIV.,
p. 306) und gleichzeitig versucht, diese Verbindungscapacität
durch die Annahme zu erklären, dafs jedes Atom dieser
Elemente aus drei Unteratomen besteht, welche unzertrennlich mit einander verbunden sind, und von denen jedes
1 Atom Wasserstoff vertreten kann. Indem diese Vertretung
in 3 Molekülen Wasser statt hat, bildet der Phosphor also
ein Band zwischen diesen 3 Molekülen Wasser, die er so verkettet, dafs sie phosphorige Säure bilden. Auf diese Weise
wurde nicht nur die Atomigkeit des Phosphors und des Stickstoffs klar ausgesprochen, sondern auch versucht, dieselbe durch
eine Hypothese zu erklären, welche später von Anderen aufs
neue ausgesprochen wurde.

Dies sind die Quellen der Theorie von der Atomigkeit
der Elemente; aber einen entscheidenden Fortschritt machte
dieselbe erst im Jahre 1858.

In einer wichtigen Abhandlung über die Radicale (Annalen der Chemie und Pharmacie, Bd. CVI., S. 129, 1858) hat
Kekulé die Idee ausgesprochen, dafs der Kohlenstoff ein vier-
atomiges Element ist. Er wurde hierzu durch die Erkenntnifs
geführt, dafs die einfachsten organischen Verbindungen immer
auf 1 Atom Kohlenstoff eine Anzahl elementarer Atome enthalten, welche 4 Atomen Wasserstoff äquivalent ist: so im

---

selbst zweibasisch ist, so dafs 1 Atom desselben äquivalent ist
2 Atomen Chlor." Ann. d. Chem. u. Pharm., Bd. 90, pg. 314. (Anmerkung des Herausgebers.)

Grubengas, im Kohlenstoffperchlorid und allen dazwischenliegenden Verbindungen, welche gleichzeitig Wasserstoff und Chlor enthalten. Diese beiden Elemente sind einander äquivalent; sie ersetzen sich Atom für Atom. In den Verbindungen, von denen wir hier sprechen, ist ihre Summe immer gleich 4. Ebenso sind in der Kohlensäure die 2 Atome Sauerstoff, welche mit einem einzigen Atom Kohlenstoff verbunden sind, 4 Atomen Wasserstoff äquivalent, da jedes derselben die Fähigkeit hat, 2 Atome Wasserstoff aufzunehmen oder zu ersetzen. Aber, wird man einwenden, 1 Atom Kohlenstoff begnügt sich im Kohlenoxyd mit einem einzigen Atom Sauerstoff. Das ist allerdings wahr; aber dieser Körper ist ungesättigt. Die Verwandtschaftskraft, welche dem Kohlenstoffatom innewohnt, wird durch seine Verbindung mit 1 Sauerstoffatom nicht befriedigt. Das Kohlenoxyd kann deshalb direct entweder ein zweites Atom Sauerstoff aufnehmen und Kohlensäure bilden oder 2 Chloratome fesseln und in Chlorkohlenoxydgas übergehen.

In diesen beiden Verbindungen hat der Kohlenstoff seine Verwandtschaftskraft durch Aufnahme elementarer Atome erschöpft, deren Summe 4 Atomen Wasserstoff äquivalent ist. Er ist in ihnen gesättigt und damit vieratomig geworden. So kommt der Begriff der Sättigung ins Spiel, wenn es sich darum handelt, die Atomigkeit der Elemente zu bestimmen.

Derselbe Begriff kommt ebenso für eine andere Erwägung in Betracht, welche Kekulé in seiner oben erwähnten Abhandlung entwickelt hat.

In der Reihe der gesättigten Kohlenwasserstoffe ist die Zahl der Wasserstoffatome nur im ersten Glied, im Grubengas, welches ein einziges Kohlenstoffatom enthält, viermal so grofs als die Anzahl der Kohlenstoffatome. Woher kommt es, dafs in dem folgenden Gliede 2 Atome Kohlenstoff nur mit 6 und nicht mit 8 Atomen Wasserstoff verbunden sind? Kekulé erklärt diese Thatsache durch die Annahme, dafs jedes der beiden Kohlenstoffatome eine Atomigkeit verliert, indem sie sich mit einander verketten, mit einander verbinden. Nachdem sie so 2 Atomigkeiten gesättigt haben, behalten sie nur

6 von den 8 übrig, welche sie enthielten, und können deshalb nur 6 Atome Wasserstoff fesseln. Dieselbe Erscheinung wiederholt sich bei den folgenden Gliedern dieser Reihe, welche 3, 4, 5 Atome Kohlenstoff enthalten. Diese sind gleichsam zusammengeschweifst und bilden eine Kette, deren Ringe durch einen Theil ihrer Verbindungskraft zusammengehalten werden. Ein anderer Theil bleibt so zu sagen disponibel und wird dazu verwendet, andere Elemente anzuziehen und festzuhalten, die sich um die Kohlenstoffatome gruppiren. Die letzteren bilden den Kern der Verbindung, sein festes Gerüst; die Atome Wasserstoff, Chlor, Sauerstoff, welche sich daran anlagern, bilden eine Art Anhängsel.[1])

Diese Idee ist von grofser Bedeutung; denn sie erklärt die Complication der organischen Moleküle und ermöglicht es, sich von ihrer Structur Rechenschaft zu geben.[2]) Woher zeigen die Kohlenstoffatome diese eigenthümliche Neigung, sich in den organischen Molekülen in grofser Anzahl anzuhäufen? Weil sie die Eigenschaft besitzen, sich mit einander zu verbinben, zu verketten. Auf dieser wichtigen Eigenschaft beruht die Eigenthümlichkeit der zahllosen Kohlenstoffverbindungen und ihre Physiognomie, das eigentliche Wesen der organischen Chemie. Kein anderes Element besitzt dieselbe in gleichem Mafse. Allerdings kann der Wasserstoff sich mit sich selbst verbinden, wie Gerhardt erkannt hat; da aber ein Atom dieses Körpers durch seine Verbindung mit einem zweiten Atom seine Verbindungsfähigkeit erschöpft, so kann sich kein anderes Element an dieses Paar anlagern. Das Wasserstoffmolekül zeigt also die einfachste Form eines gesättigten Moleküls, indem es aus 2 Atomen besteht. Die mehratomigen Elemente allein können, nachdem sie einen Theil ihrer Verbindungsfähigkeit aufgewendet

---

[1]) Vgl. den Schlufs der Anmerkung auf S. 130.

[2]) Die Gerechtigkeit verlangt, zu erwähnen, dafs Couper ähnliche Ideen entwickelt hat, ohne Kenntnifs von den Vorschlägen Kekulé's gehabt zu haben, welche für die jüngste Entwicklung der organischen Chemie so aufserordentlich einflufsreich gewesen sind.

haben, um sich mit einander zu verketten, einen anderen Theil
zurückbehalten, um andere Elemente zu fixiren: so die Kohlenstoffatome und die Sauerstoffatome. Die letzteren sind zweiatomig und können zu zweit ihre sämmtlichen Atomigkeiten
austauschen. Man nimmt an, dafs dieses im freien Sauerstoff
der Fall ist, welcher aus 2 Atomen besteht, die 2 Volume einnehmen, wenn 1 Atom Wasserstoff 1 Volum einnimmt. Diese
2 Atome, welche 4 Atomigkeiten besitzen, haben dieselben ge-
genseitig gebunden, indem sie zusammentreten. Ebenso gut,
wie sie durch vollständige Bindung je 2 Atomigkeiten verlieren können, so können sie aber auch durch einfache Bindung nur eine einzige verlieren, und je 1 Atomigkeit zurückbehalten, die dazu dienen kann, 1 Atom Wasserstoff oder
Chlor zu fixiren.

Wenn 2 Wasserstoffatome sich so an ein Paar von 2 Sauerstoffatomen anlagern, die unter sich durch den Austausch von
je einer einzigen Atomigkeit verbunden sind, so entsteht das
Wasserstoffperoxyd, welches aus 2 Atomen Sauerstoff und
2 Atomen Wasserstoff besteht. Durch Verbindungen von 2
Atomen Chlor mit diesem Paar von Sauerstoffatomen entsteht
das Chlorperoxyd; durch Verbindung von 1 Atom Wasserstoff
und 1 Atom Chlor die chlorige Säure.[1])

---

[1]) Der freie Sauerstoff besteht aus 2 Atomen Sauerstoff, die ver-
muthlich durch den Austausch ihrer beiden Atomigkeiten an einander
hängen. Dieser Austausch ist in folgenden Formeln durch einfache
oder doppelte Bindestriche angedeutet:

$O=O$, $H-O-H$, $H-O-O-H$, $Cl-O-O-Cl$, $Cl-O-O-H$, $Cl-O-O-O-H$.

Freier Sauerstoff.	Wasser.	Wasserstoff-peroxyd.	Chlorperoxyd.	Chlorige Säure.	Chlorsäure.

Hier sieht man, wie die Sauerstoffatome sich mit einander zu einer
Kette verbinden können, an deren Enden eine einzige freie Atomigkeit
durch ein einatomiges Element, wie Chlor oder Wasserstoff, gesättigt
ist. Das nennt man eine „offene Kette".

Wenn alle mehratomigen Elemente der Kette unter einander verbunden sind, so heifst dieselbe eine „geschlossene". So verhalten sich
gewisse Peroxyde und wahrscheinlich auch die wasserfreie Schwefelsäure, das schwefelsaure Baryum u. s. w.

Aus den eben vorgetragenen Betrachtungen kann man die molekulare Structur dieser Sauerstoffverbindungen leicht ableiten. Da die Sauerstoffatome in den Peroxyden des Wasserstoffs und des Chlors an einander gekettet sind, so ist jedes derselben natürlich mit 1 Atom Wasserstoff oder Chlor verbunden. Das sind die einfachen Beziehungen zwischen den Atomen dieser verhältnifsmäfsig einfachen Verbindungen. Diese Beziehungen bedingen die Structur des Moleküls. Man findet sie durch Deduction, indem man ausgeht von den beiden Anschauungen, dafs die Sauerstoffatome zweiatomig sind und dafs sie sich mit einander verketten können.

Aehnliche Data und ähnliche Schlüsse ermöglichen es, die Gruppirung der Atome in complicirteren Verbindungen, besonders in Verbindungen des Kohlenstoffs, d. h. also in den organischen Körpern, zu bestimmen.

Die gewöhnlichen Elemente dieser Verbindungen sind der Kohlenstoff, der Wasserstoff, der Sauerstoff und der Stickstoff. Indem die vieratomigen Kohlenstoffatome sich mit einander verketten und, wie wir es oben ausgedrückt haben, den Kern der Verbindung bilden, gruppiren sich die andern Ele-

$$
\begin{array}{cccc}
& \overset{''}{Ba} & S\overset{''}{-}O & O-\overset{''}{S}-O \\
Ba=O & | & |\quad| & |\qquad| \\
Baryumoxyd. & O-O & O-O & O-Ba-O \\
& Baryum\text{-} & Schwefelsäure\text{-} & Baryumsulfat. \\
& peroxyd. & anhydrid. &
\end{array}
$$

Bei dieser Schreibweise erkennt man die Atomigkeit eines Elementes an der Anzahl von Bindestrichen, welche sein Zeichen in der Formel umgeben.

Die folgenden Formeln, in welchen der Kohlenstoff vieratomig angenommen ist, zeigen die Constitution der dem Sumpfgas homologen gesättigten Kohlenwasserstoffe an:

$$
\begin{array}{cccc}
H & H\ H & H\ H\ H & H\ H\ H\ H \\
| & |\ \ | & |\ \ |\ \ | & |\ \ |\ \ |\ \ | \\
H-C-H & H-C-C-H & H-C-C-C-H & H-C-C-C-C-H \quad \text{u. s. w.} \\
| & |\ \ | & |\ \ |\ \ | & |\ \ |\ \ |\ \ | \\
H & H\ H & H\ H\ H & H\ H\ H\ H \\
Sumpfgas. & Aethyl\text{-} & Propyl\text{-} & Butylwasserstoff. \\
& wasserstoff. & wasserstoff. &
\end{array}
$$

mente von verschiedener Atomigkeit um jene ersteren, indem
sie je nach ihren Atomigkeiten diejenigen sättigen, welche in
der Kette der Kohlenstoffatome frei geblieben sind. In einem
solchen System folgt die Gruppirung der Atome oft mit Nothwendigkeit aus ihrer Zahl und ihrer Natur. In den organischen Verbindungen, welche man gesättigt nennt, sind die
Atomigkeiten nur unter der Bedingung befriedigt, dafs die
Atome in bestimmter Weise gelagert sind. Der Sinn dieses
Ausspruchs und seine Wichtigkeit möge an einem Beispiel näher
gezeigt werden.

Man kennt ein Gas, welches aus 2 Atomen Kohlenstoff
und 6 Atomen Wasserstoff besteht. Es gehört der Reihe von
Kohlenwasserstoffen an, welche am reichsten an Wasserstoff
sind. Die 2 Atome Kohlenstoff sind darin mit einander verkettet
und haben jedes dadurch eine Atomigkeit verloren. Jedes
derselben behält also 3 übrig und fixirt 3 Atome Wasserstoff.
Es ist das also ein sehr einfaches System, da die 6 Wasserstoffatome darin symmetrisch um die Kohlenstoffatome gelagert
sind. Das so constituirte Gas, der Aethylwasserstoff, ist gesättigt, da alle Atomigkeiten darin befriedigt sind. Es kann
daher keine anderen Atome mehr fixiren, wohl aber sich durch
Substitution verändern. So kann es 1 Atom Wasserstoff abgeben
und 1 Atom eines anderen Elements aufnehmen, welches an die
Stelle des ersteren tritt. Ist dies 1 Atom Chlor, so bildet sich eine
gechlorte Verbindung, das Chloräthyl, welches ebenso wie der
wasserstoffhaltige Körper, von dem es abstammt, gesättigt ist,
da das Chloratom, welches sich angelagert hat, mit dem Wasserstoffatom, welcher austritt, gleichen Werth hat.[1])

---

[1]) Die folgenden Formeln zeigen die Beziehungen zwischen den
Atomen im Aethylwasserstoff an:

$$
\begin{array}{cccc}
\text{H H} & \text{H H} & \text{H H} & \text{H H} \\
| \ | & | \ | & | \ | & | \ | \\
\text{H-C-C-H} & \text{H-C-C-Cl} & \text{H-C-C-O H} & \text{H-C-C-N H}^2 \\
| \ | & | \ | & \vdots \ | & | \ | \\
\text{H H} & \text{H H} & \text{H H} & \text{H H}
\end{array}
$$

Aethylwasserstoff Chloräthyl.   Aethylhydrat.   Aethylamin.
(gesättigter Kohlen-
wasserstoff).

Wenn 1 Atom Wasserstoff des Aethylwasserstoffs von
1 Atom Sauerstoff verdrängt wird, so wird sich dieses selbst-
verständlich mit einer seiner Atomigkeiten an das Kohlenstoffatom anlagern, an welchem das verdrängte Wasserstoffatom
hing; da es jedoch 2 Atomigkeiten besitzt, bleibt eine derselben disponibel. Seine Neigung ist daher darauf gerichtet, ein
anderes Atom zu fixiren, z. B. 1 Atom Wasserstoff, das es
gewissermafsen in die Verbindung hineinzieht. Der Vorgang
erscheint also, als ob 1 Atom Wasserstoff des Aethylwasserstoffs durch eine Gruppe ersetzt würde, welche aus 1 Atom
Sauerstoff und 1 Atom Wasserstoff besteht. Diese Gruppe,
die nichts anderes ist als Wasser, welches 1 Atom Wasserstoff verloren hat, wird heute Oxhydryl genannt; sie ist einatomig und kann 1 Atom Wasserstoff ersetzen.

Auf diese Weise wird der Aethylwasserstoff in Aethylhydrat d. i. Alkohol verwandelt. Die Rolle des Sauerstoffs
ist hier leicht erklärlich: mit einer seiner Atomigkeiten an ein
gewisses Kohlenatom gebunden, bindet er durch die andre
1 Atom Wasserstoff und vereinigt dasselbe mit dem Aethyl.
Dieses ist der Kern, das angezogene Wasserstoffatom ein Anhang, das zweiatomige Sauerstoffatom das vermittelnde Glied,
das auf der einen Seite mit dem Kern, auf der andern mit
dem Anhang zusammenhängt.[1]) Das ist die Rolle des Sauerstoffs in dem Alkohol und die Vertheilung der Atome in diesem einfachen Molekül.

Durch ähnliche Raisonnements kann man die Beziehungen
der Atome in complicirteren Derivaten des Aethylwasserstoffs
erkennen. Wenn 1 Atom Wasserstoff in demselben durch
1 Atom Stickstoff vertreten wird, so hängt sich dieser mit
einer seiner Atomigkeiten an das Kohlenstoffatom, mit welchem
früher das Wasserstoffatom zusammenhing. Da aber das Stick-
stoffatom 3 Atomigkeiten besitzt, so sucht es andere Elemente,
welche dieselben sättigen können, z. B. 2 Atome Wasserstoff,
in die Verbindung hineinzuziehen. In der stickstoffhaltigen

---

[1]) Siehe die vorhergehende Anmerkung.

Verbindung, die Aethylamin genannt wird, bildet so der Stickstoff das vermittelnde Glied zwischen dem Rest Aethyl und
den zwei annectirten Wasserstoffatomen.[1])

Das ist im Allgemeinen die Rolle der mehratomigen Elemente in den organischen Verbindungen. Sie hängen in der
Kette von Kohlenstoffatomen mit einem derselben zusammen
und führen in ihrem Gefolge andere Elemente darin ein, welche
im Stande sind, die frei gebliebenen Atomigkeiten zu sättigen.
Auf diese Weise können der Sauerstoff, der Stickstoff und der
Kohlenstoff selbst als vermittelnde Glieder dienen, um den
Rest eines Moleküls, wie das Aethyl und die annectirten Moleküle, oder auch zwei Reste, zwei Trümmer von Molekülen,
mit einander zu verschweifsen. Auf diese Weise wachsen die
organischen Moleküle nicht nur, indem sich Kohlenstoff an
Kohlenstoff hängt, sondern auch, indem Sauerstoff oder Stickstoff sich mit einander oder auch mit dem Kohlenstoff verketten, und indem alle diese mehratomigen Elemente ein kleineres
oder gröfseres Gefolge von Atomen mit sich ziehen.

Wir wollen in diesen Entwicklungen hier innehalten, da
sie hinreichen, um die Wichtigkeit des Begriffs von der Atomigkeit der Elemente für die Lösung einer der bedeutendsten
Fragen der Chemie, nämlich die von der Constitution der organischen Verbindungen, zu beweisen.

Indem wir von der Anschauung ausgehen, dafs die vier
Elemente: Kohlenstoff, Stickstoff, Sauerstoff und Wasserstoff
in ihrer Verbindungscapacität wie die Zahlen 4, 3, 2, 1 von
einander abweichen, und hiermit die Kenntnisse verbinden,
welche die Reactionen einer Verbindung uns liefern, können
wir in sehr vielen Fällen die Gruppirung dieser Elemente in
dem zusammengesetzten Körper bestimmen.

Was that man früher, um die Constitution einer Verbindung festzustellen und sie durch eine rationelle Formel auszudrücken? Man studirte ihre Metamorphosen und suchte in die
Gruppirung der Atome dadurch einzudringen, dafs man die

---

[1]) Siehe die Anmerkung auf S. 131.

verschiedenen Stellungen verfolgte, in welche sie durch die
Verwandlungen des Moleküls gerathen. Diese Aufgabe erschien
schwer, weil das Mittel zu ihrer Lösung nicht ausreichte.
Erinnern wir uns in dieser Beziehung an die Meinung Gerhardt's: es sei vergeblich, rationelle Formeln zu construiren,
denn die Körper hätten für jede ihrer Reactionen eine andre.
Dieser Ausspruch war zu absolut, und sein Urheber hat ihn
selbst am Ende seiner kurzen und so glänzenden Laufbahn verbessert. War doch er es, der die elegantesten aller rationellen Formeln, die typischen Formeln, eingeführt hat.

Er hat dieselben durch das Studium der Metamorphosen
begründet. Ohne Zweifel würde er heute dafür die Inductionen
zu Hilfe rufen, welche sich aus der Atomigkeit der Elemente
ergeben. Denn so, wie das Studium der Reactionen Daten
für die Dynamik der Atome liefert, so liefert die Betrachtung
ihrer Verbindungscapacitäten Elemente für die Statik der Moleküle. Wir haben hier zwei Methoden, von denen die eine
die andre ergänzt und controlirt.

Wie verfährt man heute, und wie sind wir oben verfahren? Um die Beziehungen zwischen den Atomen einiger Aethylverbindungen zu bestimmen, haben wir die Angriffspunkte der
Verwandtschaft für die mehratomigen Elemente, Kohlenstoff,
Stickstoff und Sauerstoff, aufgesucht.

Die Gegenwart dieser Elemente in einer gesättigten organischen Verbindung führt in Bezug auf die Anordnungen des
Moleküls zu Ansichten, welche durch die Betrachtungen über
die Bildungsweise und die Metamorphosen dieser Verbindung
unterstützt werden. Der synthetische Procefs, dessen wir uns
bedient haben, ist auf viele Fälle anwendbar und liefert Resultate, die Vertrauen verdienen, wenn man mit ihm die ana-
lytischen Ergebnisse des Studiums der Reactionen verbindet.

Dieser wichtige Fortschritt fliefst aus der grofsen Idee,
welche Kekulé und Couper ausgesprochen haben.[1]) Nachdem

---

[1]) Unter den Chemikern, welche am meisten zur Entwicklung der
Grundsätze herbeigetragen haben, deren man sich heute zur Bestim-

die Betrachtungen über die Atomigkeit somit auf das Studium
der atomistischen Constitution, der inneren Structur, der Moleküle angewandt worden, konnten die Chemiker in vielen
Fällen die Auslegung von Erscheinungen versuchen, welche
vorher jeder Erklärung entgangen waren, nämlich die überaus
zahlreichen Fälle der Isomerie. Die Verschiedenheit in den
Eigenschaften zweier oder mehrerer Körper, welche dieselbe
Zusammensetzung haben, wurde immer in der verschiedenen
Anordnung ihrer Atome gesucht, ohne dafs man in dieser Beziehung etwas Bestimmtes festsetzen konnte. Man geht heute
weiter, und ohne für jedes Atom seinen absoluten Platz im Raum
feststellen zu wollen, gelangt man oft dahin, seine Beziehungen
zu den anderen Atomen zu bestimmen und damit die Structur
des Moleküls zu entdecken. Wenn man zwei Körper von verschiedenen Eigenschaften betrachtet, welche dieselben Atome
in gleicher Anzahl enthalten, so kann man ihre Atome verschieden gruppiren und so mit denselben Bausteinen zwei Moleküle von verschiedener Gestalt aufbauen. Diese Verschiedenheiten in ihrer Structur erklären die Verschiedenheiten in
ihren Eigenschaften, und so beschränkt man sich nicht mehr
darauf, die Isomerie zu constatiren, sondern gelangt dahin,
ihre Ursache zu erklären.

IV.

, Wir wollen hier innehalten, um das erreichte Ziel näher
zu bezeichnen.

Durch Erfahrung war die Thatsache festgestellt, dafs die
Moleküle der Basen, Säuren und Alkohole einander nicht alle
in Bezug auf ihre Verbindungscapacität äquivalent sind. Die
Theorie hat die Erklärung dieser Thatsache in dem Sättigungs-
zustande der Radicale gesucht und den Begriff der Sättigung
von den Radicalen auf die Elemente selbst übertragen.

---

mung der Constitution organischer Verbindungen bedient, sind besonders noch Butlerow und Erlenmeyer zu nennen. Der bezeichnende
Ausdruck „molekulare Structur" rührt von dem Ersteren her.

Die Atome der einfachen Körper bringen in die Verbindungen, in welche sie eintreten, die Neigung zur Befriedigung ihrer Verbindungscapacität mit, die sie in verschiedenen Graden besitzen. Gewöhnlich tritt die Verwandtschaft zwischen verschiedenartigen Atomen auf; aber sie kann auch zwischen Atomen derselben Art wirken. So besitzen die Kohlenstoffatome eine gewisse Verwandtschaft zu einander, und diese Eigenschaft, welche sie übrigens mit anderen Elementen theilen, erklärt die Complicirtheit der organischen Moleküle, während ' die Ungleichheit in der Sättigungscapacität der Elemente die Structur dieser Moleküle zur Folge hat. So ist die Entwicklung der Atomigkeitstheorie fortgeschritten; und die Erklärung der Constitution der organischen Verbindungen, die Deutung sehr vieler Isomeriefälle, die Begründung eines Systems rationeller Formeln auf die Reactionen der Verbindungen und auf eine Grundeigenschaft ihrer Atome, das alles sind Resultate, welche wir ihr verdanken.

Damit nicht genug, hat sie das schon so weite Gesichtsfeld noch vergröfsert und durch ihre Fortentwicklung den Bund zwischen der organischen Chemie und der Mineralchemie, welchen tüchtige Köpfe vorgefühlt und ausgesprochen hatten, fest geknüpft, indem sie auch in die unorganische Chemie eindrang. .

Die Grundeigenschaft einer mehrfachen Verbindungscapacität gehört nicht nur den Atomen des Kohlenstoffs, des Stickstoffs und des Sauerstoffs an, welche nebst dem Wasserstoff die gewöhnlichen Elemente der organischen Natur bilden, sondern sie findet sich auch bei andern Atomen wieder.

Bekanntlich sind die einfachen Körper, die man Metalloide genannt hat, um sie von den Metallen zu unterscheiden, in Familien eingetheilt worden. Bei diesem Versuch einer Klassification hat Dumas auf die natürlichen Verwandtschaften Rücksicht genommen, welche sich in den atomistischen Formeln der Verbindungen offenbaren. Er hat das Chlor, das Brom und das Jod in eine Familie vereinigt, weil sie sich zu je einem Atom mit Wasserstoff verbinden. Der Sauerstoff, der

Schwefel, das Selen und das Tellur bilden eine andere Familie,
weil sie in ihren Verbindungen mit Wasserstoff für je eines
ihrer Atome 2 Atome Wasserstoff aufnehmen. Der Stickstoff
vertritt eine dritte Familie, die den Phosphor, das Arsen und
das Antimon einschliefst, welche sich alle mit Wasserstoff in
dem Verhältnifs von 2 Atomen zu 1, 3 oder 5 Atomen dieses
Gases verbinden. Wie man sieht, fufst also dieser Versuch
einer Klassification auf der Verbindungscapacität der Elemente. In der That hat Dumas die Metalloide nach ihrer
Atomigkeit geordnet.

Wie aber verhalten sich die Metalle? Stimmen sie alle
in Bezug auf ihre Sättigungscapacität überein? Mufs man noch
heute mit Gerhardt annehmen, dafs sie alle den Wasserstoff
Atom für Atom vertreten können, und dafs ihre Protoxyde
die Constitution des Wassers besitzen, also 2 Atome Metall auf
1 Atom Sauerstoff enthalten? Eine solche Annahme ist heute
unmöglich. Die Metalle weichen eben so sehr durch ihre Sättigungscapacität von einander ab, wie die Metalloide, und man
kann sie nach den Graden ihrer Atomigkeit ordnen.

Die Alkalimetalle, wie das Kalium, das Natrium u. s. w.,
denen man das Silber anreiht, zeigen dieselbe Verbindungscapacität, wie der Wasserstoff selbst. Sie sind ebenso wie
dieser unfähig, mehr als 1 Atom Chlor oder Brom zu fesseln.
1 Atom Sauerstoff ist für sie zuviel; sie müssen zu zweien
sein, um es zu sättigen; ihre Protoxyde und ihre Hydrate sind
also dem Wasser vergleichbar und zeigen dieselbe atomistische
Constitution wie das letztere. Diese Metalle sind einatomig.

Aber das Calcium, das Baryum, das Strontium, das Blei
und viele andere nehmen 2 Atome Chlor, nicht weniger, auf,
um sich zu sättigen. Sie repräsentiren zweiatomige Metalle,
so wie der Sauerstoff die zweiatomigen Metalloide repräsentirt.
Diese Idee der zweiatomigen Metalle wurde zuerst im Jahre
1858 von Cannizzaro ausgesprochen und auf physikalische
Data begründet, während Wurtz sie mit chemischen Gründen
unterstützte. Unter letzteren erwähnen wir vor allen die Analogie dieser Metalle mit den zweiatomigen Radicalen, z. B.

dem Aethylen, mit welchem die Functionen, die sie in den
Verbindungen ausüben, übereinstimmen. Ohne weiter auf diesen
Gegenstand einzugehen, heben wir nur hervor, dafs Cannizzaro
für diese Metalle ein doppelt so grofses Atomgewicht angenommen hat, als es Gerhardt ihnen beigelegt hatte. Durch
diese Neuerung wurden bedeutende Veränderungen in der
Schreibweise dieses Chemikers herbeigeführt. In der That entstand so ein neues System von Atomgewichten, welches sich
in vollkommenem Einklang mit den bereits erwähnten physikalischen Grundlagen befindet. Diese sind den Gesetzen entnommen, welche früher von Dulong und Petit und von Avogadro und Ampère entdeckt wurden.

Das Gesetz von Dulong und Petit kann so ausgedrückt
werden: Die Atome der einfachen Körper besitzen alle dieselbe
specifische Wärme. Es ist nur richtig, wenn man das Atomgewicht einer gewissen Anzahl unter ihnen verdoppelt. Daher
erscheint die Annahme dieser verdoppelten Atomgewichte als
berechtigt, weil dadurch auf sämmtliche Metalle ein so einfaches
und allgemeines Gesetz ausgedehnt wird. Dasselbe hat in der
That Allgemeingiltigkeit: denn die drei oder vier Ausnahmen,
die man nachgewiesen hat, beziehen sich auf Elemente, welche
die eigenthümliche Erscheinung der Allotropie zeigen, d. h.,
deren Theilchen verschiedene Modificationen, verschiedene physikalische Zustände annehmen, in verschiedene Stellungen zu
einander treten können. So verhalten sich der Kohlenstoff,
das Bor und das Silicium. Mufs man nicht annehmen, dafs
im Diamant z. B. die Kohlenstofftheilchen eine andere Lagerung
haben als in der Holzkohle, und kann nicht, wenn ein solcher
Körper dem Einflufs der Wärme ausgesetzt wird, zwischen
seinen Theilchen eine Bewegung, eine innere Arbeit vorgehen,
welche entweder Wärme entwickelt oder absorbirt? Eben
diese durch innere Arbeit entwickelte oder absorbirte Wärmemenge erklärt die Ausnahmen und kleinen Ungenauigkeiten,
welche das Gesetz von Dulong und Petit aufweist.

Wir können daher den Schlufs ziehen, dafs dasselbe allgemeine Giltigkeit hat und ein wichtiges Mittel zur Controle

der Atomgewichtsbestimmungen darbietet; denn offenbar mufs
von zwei Zahlen, von denen die' eine ein Vielfaches der andern ist, und welche beide in gleicher Weise den chemischen
Thatsachen entsprechen, diejenige vorgezogen werden, welche
mit dem Gesetz von der specifischen Wärme im Einklange
steht. Das ist für die erwähnten Metalle geschehen.

Die Atomgewichte, welche somit aus dem Gesetz von
Dulong und Petit abgeleitet worden sind, fallen mit den
„Wärmeäquivalenten" von Regnault zusammen. Es sind die
Gewichtsmengen, welche durch Absorption derselben Wärmemenge dieselben Temperaturerhöhungen erfahren, und die
in Bezug auf diesen Wärmeeffect also mit einander äquivalent sind.

Die Hypothese von Avogadro und Ampère haben wir
bereits auseinandergesetzt. Sie beruht auf den Beziehungen,
welche Gay-Lussac zwischen den Dichtigkeiten und den Molekulargewichten der Gase und Dämpfe entdeckt hat. Man
kann dieselbe so ausdrücken: Wenn 1 Atom Wasserstoff 1 Volum
einnimmt, so nehmen die Moleküle aller Körper im Gaszustand
2 Volume ein. Das Gewicht dieser 2 Volume drückt also aus
das Gewicht eines Moleküls, bezogen auf das Gewicht von
1 Volum Wasserstoff als Einheit. Aber diese relativen Gewichte sind nichts anderes als die Dichtigkeiten, wenn auch
diese auf Wasserstoff als Einheit bezogen werden. Mit andern
Worten: wenn man die Dichtigkeiten aller Gase und Dämpfe
auf Wasserstoff bezieht, so drücken die doppelten Dichtigkeiten
dieser Gase und Dämpfe ihr Molekulargewicht aus. Daraus
folgt ein sehr einfaches Mittel, um die relativen Gewichte der
Atome zu bestimmen oder zu controliren. Das heute geltende
System der Atomgewichte befindet sich mit diesem einfachen
Gesetz in Einklang; besonders folgen auch die verdoppelten
Atomgewichte, welche vielen Metallen wegen ihrer specifischen
Wärme beigelegt worden sind, aus den Molekulargewichten
ihrer flüchtigen Verbindungen.

Das Gesetz von Avogadro und Ampère ist einer Be-
schränkung unterworfen, welche zu wichtigen Folgerungen

führt. Man kennt eine gewisse Anzahl Körper, welche von ihm abzuweichen scheinen. Ihre Moleküle nehmen im dampfförmigen Zustande nicht 2, sondern 4 Volume ein, so dafs ihre doppelte Dampfdichte einem Gewicht entspricht, welches nur der Hälfte ihres wirklichen Molekulargewichtes gleich ist. Ein Beispiel wird dies Verhalten erklären:

Alle Betrachtungen führen zu der Annahme, dafs der Salmiak aus 1 Molekül Salzsäure und 1 Molekül Ammoniakgas besteht. Die beiden Bestandtheile treten mit allen ihren Elementen zu einem complicirteren Molekül zusammen. Wenn die Verbindung stabil genug wäre, um bei der Temperatur erhalten zu bleiben, bei welcher der Salmiak in Dampf übergeht, so müfste sein Dampf 2 Volume für jedes Molekül einnehmen. Er nimmt aber 4 Volume ein; und ebenso verhalten sich nicht nur alle Verbindungen, die dem Chlorhydrat des Ammoniaks analog sind, sondern auch das Jodhydrat des Phosphorwasserstoffs, das Perchlorid des Phosphors, die gewässerte Schwefelsäure und andere Verbindungen. Die Ausnahmen vom Gesetz Avogadro's und Ampère's sind also ziemlich zahlreich. Man hat sie häufig benutzt, um dies Gesetz anzugreifen, und sie würden die Anhänger desselben in Verlegenheit setzen, wären sie nicht einer sehr einfachen Erklärung fähig, welche ihnen jede Beweiskraft nimmt. Es wird nämlich durch nichts dargethan, dafs diese Verbindungen wirklich im Dampfzustand existiren können, ohne eine mehr oder weniger vollständige Zersetzung zu erleiden; ihr Siedepunkt ist meistens hoch genug, um diese Annahme sehr wahrscheinlich zu machen.

Wir wollen auf das vorher angeführte Beispiel, den Salmiak, zurückgehen. Wenn man die Elemente dieses Salzes bei gewöhnlicher Temperatur zusammenbringt, so vereinigen sie sich allerdings unter lebhafter Wärmeentwicklung. Unter diesen Bedingungen ist die Verwandtschaft der Salzsäure zum Ammoniak sehr stark. Sie ist dagegen viel schwächer, und die Gase vereinigen sich nur zum geringern Theil, wenn man sie, wie H. Sainte-Claire Deville gethan hat, bei der hohen Temperatur zusammenführt, bei welcher das Quecksilber ins Sieden geräth.

Bei dieser Temperatur bleibt der gröfsere Theil der Gase unverbunden und einfach mit einander gemischt. Nun kann man aber den Salmiak nur bei hohen Temperaturen in Dampf überführen und als Dampf wägen, Temperaturen, bei denen die Verwandtschaft der beiden Gase, aus welchen er besteht, sehr geschwächt ist, und bei denen diese im festen Salmiak verbundenen Gase sich deshalb trennen und wieder eine gesonderte Existenz annehmen. Unter diesen Bedingungen wird 1 Molekül Salmiak, welches 2 Volume Dampf einnehmen müfste, wenn es unverletzt wäre, gänzlich oder doch beinahe in 2 andere Moleküle zerlegt, welche einfach gemischt bleiben, indem jedes von ihnen zwei Dampfvolume einnimmt. Also nicht das Salmiakmolekül nimmt 4 Volume Dampf ein, sondern die Producte seiner Zersetzung durch die Wärme. Alles führt zu der Annahme, dafs die Moleküle der übrigen Körper, welche oben als Ausnahmen von dem Gesetz Avogadro's und Ampère's bezeichnet worden sind, durch die Wärme ähnliche Zersetzungen erleiden wie das Salmiakmolekül. Sie werden je nach der Temperatur mehr oder weniger vollständig in die Moleküle zerlegt, aus welchen sie bestehen, und die dann einen doppelt so grofsen Raum erfüllen, als das complicirtere Molekül einnehmen sollte, wenn es nicht zersetzt wäre.

Aber, kann man einwenden, woher kommt es, dafs man von dieser Zersetzung keine Spur mehr vorfindet, wenn der Dampf aufs neue condensirt und der Körper zur gewöhnlichen Temperatur zurückgekehrt ist? In dem Ballon, in welchem der Salmiak in Dampf übergeführt und dieser Dampf zersetzt wurde, findet man nach der Condensation nur unveränderten Salmiak. Das kann in der That nicht anders sein. Wenn die Temperatur sinkt, so üben die von einander getrennten Elemente des Ammoniakchlorhydrats aufs neue ihre Verwandtschaft zu einander aus und setzen das Molekül dieses Salzes vollständig wieder zusammen, so dafs von der vorübergehenden Zersetzung, welche es erlitten hatte, keine Spur übrig bleibt.

Einer der besten Beweise für diese Erklärung ist aus der

Dampfdichte des Amylenbromhydrats abgeleitet worden. Die Verbindung des Kohlenwasserstoffs Amylen ᴖmit Bromwasserstoffsäure ist flüssig. Bei einer Temperatur, die ihren Siedepunkt nur wenig übersteigt, zeigt diese Verbindung eine Dampfdichte, die man normal nennen kann, weil sie 2 Volumen Dampf für 1 Molekül entspricht. Der Dampf bleibt bei dieser Temperatur unversehrt; wenn man ihn dagegen erhitzt, so erleidet er eine mehr oder weniger vollständige Zersetzung, je nachdem die zugeführte Wärme höher oder niedriger ist. Analog dem Salmiak zersetzt er sich in seine Elemente, Bromwasserstoffsäure und Amylen. Aber diese Zersetzung geht allmählich vor sich; sie findet nicht bei einem bestimmten Temperaturgrad statt, sondern zwischen ziemlich weiten Temperaturgrenzen, so dafs der Dampf, der bei einem bestimmten Grade unversehrt ist, bei höheren Temperaturgraden mit mehr und weniger Zersetzungsproducten gemischt wird, bis endlich bei einer noch höheren Temperatur die Zersetzung vollständig geworden ist. In diesem Augenblick ist die Dampfdichte auf die Hälfte der ursprünglichen Zahl herabgesunken. Soll man daraus schliefsen, dafs das Amylenbromhydrat 2 Dampfdichten besitzt? Das kann offenbar nicht der Fall sein, und es ist nur natürlich, als seine wirkliche Dampfdichte diejenige anzunehmen, welche bei einer so niedrigen Temperatur genommen wird, dafs man bei ihr das Molekül noch als unversehrt voraussetzen kann. Wenn nun diese Dichte mit der Temperatur abnimmt, so erklärt sich das aus der zersetzenden Wirkung der Wärme auf den betreffenden Dampf.

Man hat daher Ursache, zu glauben, dafs die andern Ausnahmen von dem Gesetze Avogadro's und Ampère's durch analoge Gründe bestimmt sind, und dafs dieses Gesetz, eine der Grundlagen der modernen Chemie, ganz allgemein giltig ist. Dabei ist nicht zu übersehen, dafs es in so zahlreichen Fällen richtig befunden wurde, dafs die entgegenstehenden Thatsachen unstreitig den Charakter von Ausnahmen annehmen und grade deshalb eine ernste Untersuchung verlangen. Die Erklärung, welche ihnen zu Theil ward, und die heute von

den meisten Chemikern angenommen wird, stimmt übrigens
mit den gangbaren Ideen über die Verwandtschaft vollkommen
überein. Wenn 2 Moleküle, deren jedes im gasförmigen Zustand bestehen kann, durch Affinität zu einem complicirteren
Molekül vereinigt sind, so kann es sein, dafs der Kochpunkt
des letzteren so niedrig liegt, dafs die Wärme, welche zuge-
führt werden mufs, um es in Dampf überzuführen, den beiden
ursprünglichen Molekülen nicht die Wärmemenge ersetzt,
welche sie durch ihre Vereinigung verloren haben. In diesem
Falle bleiben sie verbunden. Aber kann man erwarten, dafs
es immer so sein mufs? Kann nicht vielmehr die Verwandtschaft zweier Körper zu einander so schwach oder ihre Verbindung so wenig flüchtig sein, dafs der Wärmegrad, bei welchem
sie sich zersetzen, unterhalb ihres Siedepunktes liegt? Das
tritt eben in der Mehrzahl der Fälle ein, die wir angedeutet
haben. Es ist sicher, dafs sehr viele chemischen Moleküle
unfähig sind, den gasförmigen Aggregatzustand anzunehmen,
ohne dabei eine mehr oder weniger vollständige Zersetzung zu
erleiden.

Sehr wichtig ist es, den Gang dieser Zersetzung zu studiren.

Die Erscheinung ist einfach genug, wenn die Producte
nach ihrer Trennung von einander sich nicht durch eine umgekehrte Reaction wieder vereinigen und die Verbindung wieder-
herstellen, welche eben zersetzt worden ist. Nehmen wir an,
der Körper sei fest, und seine Zersetzungsproducte könnten
sich frei entwickeln. Alle Moleküle, welche die Masse des
sich zersetzenden Körpers constituiren, sind in diesem Falle
während der ganzen Dauer der Erscheinung denselben Bedingungen unterworfen. Sie werden alle auf gleiche Weise von
der Wärme angegriffen, alle bei derselben Temperatur zersetzt,
sobald die Wärmemenge, welche an sie herantritt, ihren
Elementen die lebendige Kraft zurückgegeben hat, welche sie
durch ihre Verbindung verloren hatten. Unter diesen Bedingungen wird die Zersetzung bei einer bestimmten festen Temperatur zu Ende geführt.

Anders verhält es sich, wenn die Zersetzungsproducte, die

mit der sich zersetzenden Verbindung gemischt sind, aufs
neue an einander treten können, um den ursprünglichen Körper
wiederherzustellen. Der Tendenz dieses Körpers, sich unter
dem Einflufs der Wärme zu zerlegen oder sich zu disso-
ciiren, um uns Henri Sainte-Claire Deville's glücklicher Ausdrucksweise zu bedienen, wird dann die Wage gehalten
durch die entgegengesetzte Tendenz der in Freiheit gesetzten
Elemente, sich unter dem Einflufs der Verwandtschaft aufs
neue zu verbinden. Es tritt demnach eine Art von mobilem
Gleichgewicht ein zwischen den unangegriffenen Molekülen
der ursprünglichen Verbindung und ihren Zersetzungsproducten,
die dahin streben, sich aufs neue zu vereinigen. In dem
Verhältnisse, in dem die Masse der letzteren in dem Gemenge
wächst, nimmt auch die Summe der Verwandtschaftskräfte zu,
und um die wachsende Neigung zur Wiedervereinigung zu be-
kämpfen, mufs man den noch unangegriffenen Molekülen, um
sie zu zersetzen, um so gröfsere Wärmemengen zuführen. In
diesem Fall ist die Zersetzung also eine continuirliche Erscheinung, die nicht bei einem bestimmten Wärmegrad, sondern
zwischen Temperaturgrenzen zu Ende geführt wird. Sie ist
es, die man heute als Dissociation bezeichnet. Die schönen
Versuche Henri Sainte-Claire Deville's sind bekannt und sollen
deshalb hier nur erwähnt werden. Die Thatsachen, von denen
die Rede ist, sind nicht isolirt in der Wissenschaft und
stehen mit anderen Aeufserungen der Verwandtschaft in naher
Beziehung, besonders mit den einander entgegengesetzten Reactionen, welche durch Massenwirkung hervorgebracht werden,
und die früher von Berthollet studirt worden sind.

Bei allen diesen Erscheinungen kommt die Verwandtschaft
ins Spiel, und ohne mit der Natur dieser Kraft völlig ver-
traut zu sein, kennt man wenigstens ihre Beziehungen zur
Wärme. Wir wissen, dafs die Verwandtschaft nicht ohne
Wärmeentwicklung aufgehoben, nicht ohne Wärmeabsorption
wiederhergestellt werden kann. Es besteht also eine wechsel-
seitige Beziehung zwischen diesen beiden Kräften, und man
kann deshalb die eine benutzen, um die andere daran

zu messen. Man nimmt an, dafs die chemische Kraft ihren Sitz in den Atomen der Körper hat, dafs sie vielleicht in einer besondern Art von Bewegung dieser Atome besteht. Von letzterer wissen wir nichts; wohl aber wissen wir, dafs diese Kraft dadurch, dafs die Atome, in welchen sie ihren Sitz hat, sich treffen und sich vereinigen. nicht zerstört wird. Die Verwandtschaft erlischt durch diese Vereinigung: sie ist, wenigstens theilweise, befriedigt. aber die Kraftmenge, welche den Atomen auf diese Weise entzogen wird, wird keineswegs vernichtet. Sie tritt vielmehr in dem Augenblick der Vereinigung als Wärme auf, und die Intensität der entwickelten Wärme ist das Mafs für die Gröfse der Verwandtschaft.

Existiren nun für diese Kraft keine anderen Unterschiede, als in der Stärke, mit welcher sie auftritt? Wirkt sie gleichmäfsig auf alle Atome, verschieden nur in ihrer Intensität, so wie die Schwerkraft ohne Unterschied alle Körper nach denselben Gesetzen beherrscht? Keineswegs; die chemische Kraft ist complicirterer Art, sie hat eine Eigenthümlichkeit, die von ihrer Intensität selbst unabhängig zu sein scheint: nämlich die wählerische Wirkungsweise, welche schon Bergmann studirte und definirte. lange bevor die Chemiker die Existenz von Atomen annahmen, deren Eigenschaft sie ist. Woher kommt es, dafs das Chlor, welches eine so kräftige Verwandtschaft zum Wasserstoff besitzt, jedes seiner Atome nur mit einem einzigen Atom dieses Körpers verbinden kann, während der Stickstoff sich mit 3 Atomen Wasserstoff vereinigt? Woher vermag der Phosphor, welcher dem Arsenik so nahe steht und sich wie dieses mit 3 Atomen Wasserstoff oder mit 3 Atomen Chlor vereinigen kann, im Phosphorperchlorid bis zu 5 Atomen Chlor aufzunehmen? Die Atome der einfachen Körper sind nicht gleichartig. Abgesehen von den Unterschieden ihrer relativen Massen und der denselben innewohnenden Kräfte, läfst sich vermuthen, dafs sie auch in der Form, in der Bewegung und in der Structur von einander abweichen und sich deshalb nicht auf gleiche Weise einander anpassen können. Hierin liegt offenbar eine der Bedingungen, von welchen die sogenannte Wahlver-

wandtschaft der Atome und ihre ungleichen Verbindungscapacitäten abhängen.

Hiermit wären wir auf den Begriff der Atomigkeit zurück-
gekommen.

Wir treffen dieselbe hier an der eigentlichen Basis der Wissenschaft wieder und erkennen in ihr eine der Erscheinungsformen
der chemischen Kraft. Jedes Atom bringt in seine Verbindungen
zweierlei mit: einmal eine bestimmte Kraftmenge und dann die
Fähigkeit, dieselbe auf besondere Weise zu verwenden, indem es
andre Atome anzieht, aber nicht ohne Unterschied alle, sondern nur bestimmte Atome und diese in bestimmter Anzahl.

Die Atome weichen also nicht nur durch die Gröfse ihrer
Verwandtschaftskräfte von einander ab, sondern auch durch
ihre Verbindungscapacität, die Fähigkeit, eine bestimmte Anzahl
anderer Atome auszuwählen, welche ihrer speciellen Natur
entsprechen, um sich mit ihnen zu dem, was man eine Verbindung nennt, zu vereinigen. Das bezeichnen wir als ihre
Atomigkeit.

Diese Grundeigenschaft bestimmt die Art der Verbindungen, ihre Stufen und ihre Grenzen. Sie ist es, die in dem
Gesetz der multiplen Proportionen zur Erscheinung kommt;
von ihr hängt die Thatsache ab, die wir als Sättigung bezeichnen; sie bestimmt die Functionen der unvollständig gesättigten
Gruppen, welche man Radicale nennt, und sie erklärt den
tiefen Sinn, welcher der Idee der Typen zu Grunde liegt.

Aus welchem andern Grund hat man den Typus Wasser aufgestellt, als weil es ein zweiatomiges Element Sauerstoff giebt?
Worauf ist der Typus Ammoniak begründet, als auf der Existenz des dreiatomigen Elements Stickstoff?

Wir haben oben gesehen, wie diese Grundeigenschaft der
Atome in den Betrachtungen über die atomistische Constitution
der Körper zur Geltung kommt: wie die Tendenz der Atome,
sich zu sättigen, gewissermafsen die Angriffspunkte der Verwandtschaft und die gegenseitigen Beziehungen der Atome in
den Verbindungen bestimmt. Um die Tragweite und Fruchtbarkeit dieses Begriffs der Atomigkeit noch durch eine weitere

Entwicklung darzulegen, wollen wir schliefslich nachweisen, in welcher Art durch ihn die chemischen Reactionen aufgeklärt werden.

V.

Allgemein aufgefafst und abgesehen von den Erscheinungen der Isomerie, kommt jede Reaction unter eine der folgenden drei Rubriken.

Sie ist entweder Bildung einer Verbindung durch Addition von Atomen oder Molekülen:

oder Zersetzung eines complicirten Moleküls in einfachere Elemente;

oder Substitution von gewissen Elemente einer Verbindung durch andere.

Das dualistische System stützte sich besonders auf die beiden ersteren Fälle chemischer Erscheinungen. Ausgehend von Lavoisier's Ideen über die Salze, betrachtete es alle Verbindungen als durch Addition zweier Elemente entstanden, die fähig bleiben, sich wieder von einander zu trennen. Dumas war der Erste, welcher, auf die Substitutionserscheinungen gestützt, das chemische Molekül als ein Ganzes ansah, dessen verschiedene Theile durch Verwandtschaft verbunden sind. Gerhardt nahm diese Idee auf. Er nahm aufserdem an, dafs alle chemischen Reactionen zwischen diesen einheitlichen Molekülen dadurch vor sich gehen, dafs sie ihre Elemente unter einander austauschen. Alles ist doppelte Zersetzung: durch diese Ausdrucksweise erklärte er alle chemischen Umwandlungen und dehnte so die von der Substitutionstheorie angeregte Auffassungsweise allzusehr aus. Wir wissen heute, dafs in seiner Reaction gegen die zu weit gehenden Ideen von Berzelius er selbst das rechte Mafs überschritten hat.

Es ist nicht richtig, dafs Alles doppelte Zersetzung ist: Elemente können sich anfügen und ablösen; es giebt Moleküle, welche fähig sind, durch directe Addition von neuen Atomen zu wachsen, und andere, welche zerreifsen und in unabhängige Bruchstücke zerfallen können.

Alle diese Reactionen werden durch den Begriff der Atomigkeit erklärt. Wir kennen die Neigung der Atome, ihre
Verbindungsfähigkeit auszuüben, und das Gesetz der multiplen Proportionen zeigt uns, daß dieselbe stufenweise befriedigt werden kann. In allen Fällen also, in welchen eine
Verbindung ein mehratomiges Element enthält, das unvollständig gesättigt ist, strebt dieselbe, neue Atome anzuziehen,
um jenen Sättigungszustand zu erreichen, welcher durch den
Austausch aller Atomigkeiten bezeichnet wird.

Wir können somit in den chemischen Verbindungen zwei
verschiedene Zustände unterscheiden: in den gesättigten Molekülen das Gleichgewicht der Atomigkeiten, in den unvollständig gesättigten Molekülen ein labiles Gleichgewicht, eine Lücke,
und die Neigung, diese Lücke auszufüllen.

Weshalb kann das ölbildende Gas 2 Atome Chor anziehen, wie das Quecksilber oder wie das Zink, und so die
Rolle eines Radicals spielen? Weil von den 2 Atomen Kohlenstoff, welche es enthält, ohne daß sie sich deshalb trennten,
jedes 3 einatomige Elemente anziehen kann, während sie in
dem Gase selbst jedes nur 2 Atome Wasserstoff festhalten.
Durch die Hinzufügung von 2 Atomen Chlor ist also das Molekül gewachsen und in einen Zustand übergegangen, in welchem es unfähig ist, noch andre Atome durch directe Vereinigung zu fixiren. Aber deshalb ist das neue Molekül,
welches jetzt das Aethylenchlorid ausmacht, keineswegs unfähig
geworden, sich zu verändern, und gleichgiltig, gewissermaßen
unempfindlich gegen die Einwirkungen anderer Moleküle. Das
Aethylenchlorid kann entweder zerreißen oder einige seiner
Elemente gegen andere austauschen. Wenn man sein Chlor
dem Einflusse kräftiger Affinitäten aussetzt, so kann es entweder einfach losgetrennt oder durch andre Atome ersetzt
werden. In dem letzteren Falle wird jedes Atom Chlor durch
ein Element ersetzt, welches in der neuen, durch Substitution
gebildeten Verbindung genau dessen Rolle ausfüllt, das heißt,
das neue Element wird von dem Kohlenstoffatom durch eine
Atomigkeit angezogen, welche vorher in dem Athylen-

chlorid das Chloratom gefesselt hatte. Wenn das neue Element einatomig ist wie das Chlor, so geht die Substitution Atom für Atom vor sich, und die neue Verbindung hat dann dieselbe molekulare Structur wie das Aethylenchlorid. Wenn umgekehrt das an die Stelle des Chlors getretene Element mehratomig ist, so bringt es in die neue Verbindung mehr Atomigkeiten mit, als nöthig sind, um eines der Kohlenstoffatome so zu sättigen, wie es das Chlor gethan hatte. Indem es den Platz des letzteren einnimmt, mufs es daher andere Atome mit sich in die Verbindung hineinzuziehen, welche fähig sind, seine freigebliebenen Atomigkeiten zu befriedigen. Das Molekül wächst also noch einmal, aber nicht mehr durch directe Addition neuer Elemente, sondern dadurch, dafs eine Atomgruppe, ein zusammengesetztes Radical, an die Stelle eines einfachen Körpers tritt. Auf diese Weise giebt die Atomigkeitstheorie Rechenschaft von der Function der Radicale, die in so vielen Reactionen an die Stelle von einfachen Körpern treten, und so erklärt und erweitert sie den berühmten Ausspruch der Urheber der Substitutionstheorie, welcher zuerst auf das Chlor angewandt wurde, dafs Elemente, welche in Verbindungen an die Stelle von andern Elementen treten, deren Platz und deren Rolle einnehmen.

Sie ersetzen dieselben durch ihre Verbindungscapacität und treten in dem neuen Körper zu demselben Atom in Beziehung, welches in der ursprünglichen Verbindung durch die ausgetretenen Elemente gesättigt worden war. Soll damit gesagt sein, dafs durch solche Substitutionen die Eigenschaften der Körper keine Veränderungen erleiden? dafs die Elemente, welche durch Substitution eintreten, die austretenden in allen ihren Eigenschaften ersetzen, und dafs es daher in Bezug auf seine Eigenthümlichkeiten einerlei ist, ob ein Körper Wasserstoff, oder ob er Chlor oder Sauerstoff an dessen Stelle enthält, wenn nur diese Substitution in aequivalenten Mengen nach dem Gesetz der Atomigkeit vor sich geht? Nein, in dieser Weise darf die Rolle der Elemente bei Substitutionen nicht verstanden werden. Wenn die Elemente von gleicher Atomigkeit einander ersetzen können, soweit ihre Werthigkeit, ihre Verbindungscapacität in Betracht kommt, so können sie in Bezug auf ihre Eigenschaften einander nicht ersetzen oder mit einander gleichwerthig sein, denn jedes bringt in die Verbindung seine eigne Natur, seine besonderen Verwandtschaften mit.

Um die Eigenthümlichkeiten der zusammengesetzten Körper zu erklären, hat man bald der Natur der Elemente, bald ihrer Lagerung einen vorwiegenden Einfluß zugeschrieben. Richtiger ist es, zu sagen, daß die Eigenthümlichkeiten der Körper gleichzeitig von beiden Bedingungen abhängen, da eine wie die andere beträchtlichen Einfluß ausübt.

Auf Betrachtungen dieser Art muß man zurückgehen, um die Eigenschaften oder richtiger die Functionen zu erklären, welche die Aufmerksamkeit der Chemiker am meisten auf sich gezogen haben: nämlich die der Säuren und Basen, welche in der Neutralisation dieser Körper bei der Salzbildung zur Anschauung kommen. Weshalb besitzen einige Körper die Eigenschaft, sauer zu sein? Lavoisier antwortete: weil sie viel Sauerstoff enthalten. Diese Antwort war gut, aber unzureichend. Wir wissen heute, daß die Neutralisation der Säuren durch die Basen in dem Austausch des Wasserstoffs der einen gegen das Metall der andern besteht, und daß dieser Wasserstoff eines solchen Austausches nur dann fähig ist, wenn er mit einem oder mehreren Elementen von stark elektro-negativer Natur in Zusammenhang steht. Ein Atom Chlor, Brom, Jod oder selbst Schwefel genügt, um den Wasserstoff in diese eigenthümliche Bedingung zu versetzen. Der Chlorwasserstoff, der Bromwasserstoff und der Jodwasserstoff sind kräftige Säuren, auch der Schwefelwasserstoff hat schwach saure Eigenschaften. Ein einziges Sauerstoffatom genügt nicht, um den Wasserstoff für einen solchen Austausch geeignet zu machen; hierzu ist es nöthig, daß mit diesem Sauerstoff noch andere Elemente oder noch andere Sauerstoffatome in Zusammenhang stehen, und hier eben kommt der Begriff der Atomigkeit für die Erklärung dieser wichtigen Reactionen zur Geltung. Die Atome nehmen dadurch besondere Eigenschaften an, daß sie anderen Atomen benachbart sind und sie berühren. Die gegenseitigen Beziehungen, welche aus Betrachtungen über ihre Atomigkeit folgen, üben auf ihre Eigenschaften einen augenfälligen Einfluß aus. Ein Beispiel wird genügen, um diesen Gedanken zu verdeutlichen.

Die Kohlenwasserstoffe bestehen, wie wir gesehen haben, aus einer Kette von Kohlenstoffatomen, welche von Wasserstoffatomen umgeben sind. Wenn eines der Wasserstoffatome, welches einem bestimmten Kohlenstoffatom zugehört, durch den Rest vertreten wird, welcher Oxhydryl genannt wird und Wasser weniger 1 Atom Wasserstoff ist, so entsteht durch solche Substitution ein Alkohol, das ist, ein neutraler Körper. Der Wasserstoff dieses Restes besitzt die Neigung nicht, sich gegen das Metall einer Base auszutauschen. Wenn aber ein zweites Atom Sauerstoff sich an diesen Rest anhängt, indem es sich mit demselben Kohlenstoffatom wie dieser vereinigt, so wird nun der Wasserstoff des Oxhydryls, welcher also jetzt mit 2 demselben Kohlenstoffatom anhängenden Sauerstoffatomen benachbart ist, in seinem Charakter, in seiner Function verändert. Mit einem einzigen Sauerstoffatom verbunden, war er neutral; durch die Nachbarschaft von zwei Sauerstoffatomen wird er basisch.[1]) In der That sind alle organischen Körper, in welchen ein Kohlenstoffatom mit einem Sauerstoffatom und einer Oxhydrylgruppe verbunden ist, Säuren, und die Function der Säure wird also hier nicht nur durch die Natur der verbundenen Atome bestimmt, sondern ebenso sehr durch ihre Anzahl und ihre gegenseitigen Beziehungen,

---

[1]) Durch Substitution einer Gruppe OH (Oxhydryl) an der Stelle eines Wasserstoffatoms in einem Kohlenwasserstoff entsteht ein Alkohol. Durch Substitution eines Atoms Sauerstoff und einer Gruppe Oxhydryl an der Stelle von drei Atomen Wasserstoff entsteht eine Säure. Eine Säure ist daher ein Körper, welcher einmal oder mehrmals die Gruppe CO^2H (Carboxyl) enthält:

$H_3C—CH_3$,	$H_3C—CH_2OH$,	$H_3C—CO.OH$,	$HO.OC—CO.OH$
Aethyl-wasserstoff.	Aethylhydrat (Alkohol).	Essigsäure.	Oxalsäure.

welche aus der Anschauung von ihrer Atomigkeit folgen.
Wenn man den Dingen auf den Grund gehen will und fragt,
auf welche Weise die Eigenschaften der Atome durch ihre
Berührung also beeinflufst werden, und warum der Austausch
von Wasserstoff gegen Metall in denjenigen Verbindungen so leicht
ist, in welche dieser Wasserstoff mit einem oder mehreren Atomen
von stark elektro-negativen Eigenschaften in Verbindung steht, so
wird man ohne Zweifel finden, dafs diese Reactionen, diese
Sättigungen von Säuren und Basen, dieser Austausch der Elemente mit Wärmeerscheinungen zusammenhängen.

Indem die Körper auf einander reagiren, verwenden sie
einen Theil ihrer chemischen Kraft in der Form von Wärme,
und die Reactionen, von welchen wir sprechen, und viele andere erhalten ihre Richtung durch die Menge der frei gewor-
denen Wärme. In allen diesen Wirkungen kommt die den
Atomen innewohnende Kraft ins Spiel, welche durch ihre Ver-
bindungswärme offenbar wird, und wenn dieselben eingetreten
sind, so haben die Atome den gröfsten Theil ihrer Kraft in
der Form von Wärme verloren, oder mit anderen Worten, so
sind ihre Verwandtschaften auf das Vollständigste befriedigt.

Ist damit Alles gesagt? Gehören die wechselseitigen Wirkungen der Säuren und Basen, welche Lavoisier so gründlich
untersucht und seinem System zu Grunde gelegt hat, alle der
Klasse von Erscheinungen an, welche wir eben erklärt haben?
Sind sie alle nur besondere Fälle der Substitutionstheorie?
Das anzunehmen, wäre falsch, und es ist nothwendig, einen
davon abweichenden Fall anzuführen, dessen sich die Anhänger der dualistischen Ideen gegen die neue Theorie bedienen
könnten.

Die Säureanhydride können sich an wasserfreie Oxyde
direct anheften und so Salze mit ihnen bilden. Vereinigt sich
doch das Kohlensäuregas direct mit dem Kalk, und das Schwefelsäureanhydrid mit dem Baryumoxyd mit solcher Heftigkeit,
dafs dasselbe in lebhaftes Glühen geräth. Hier ist kein Austausch von Elementen, keine Substitution des Metalls an die
Stelle von Wasserstoff vorhanden, da das Säureanhydrid

keinen Wasserstoff enthält. Indem wir dies zugestehen, müssen
wir jedoch bemerken, dafs die Sättigung des Baryumoxyds
mit Schwefelsäureanhydrid einer ganz anderen Klasse von
Erscheinungen angehört, als die Neutralisation des Baryum-
hydrats mit Schwefelsäure. Diese Reaction ist, wie wir eben
gezeigt haben, eine doppelte Zersetzung oder Substitution; die
erstere dagegen geht aus einer Addition von Elementen hervor,
indem 2 Moleküle, beide gesättigt, aber beide aus mehratomigen Elementen zusammengesetzt, durch einen Austausch von
Atomigkeiten mit einander verkettet werden. In dem Baryumoxyd sättigen das Baryumatom und das Sauerstoffatom ihre
sämmtlichen Atomigkeiten: in dem Baryumsulfat dagegen nur
mehr die Hälfte derselben, indem die zwei Atomigkeiten, welche
gewissermafsen disponibel geworden sind, dazu dienen, die
Elemente des Schwefelsäureanhydrids zu befestigen.[1] Die
Addition von Atomen hat also durch eine Verrückung der
Atomigkeiten stattgefunden; oder mit anderen Worten: die
Atome der beiden Körper haben, um sich zu verbinden, ihre
Lage verändert und sich dann auf eine bestimmte Weise verkettet, und diese Veränderung ihrer Lage und der darauf
folgende Austausch ihrer Atomigkeiten hat einen Theil der
ihnen innewohnenden Kraft in Anspruch genommen. Daher
wurde Wärme entwickelt. Dieser besondere Fall, die Sättigung der Säureanhydride durch Oxyde, tritt also nach dem allgemeinen Gesetz der Reactionen ein, die wir voraussehen können und die von der Atomigkeitstheorie erklärt werden.

Hiermit wären wir denn am Ziel dieser Auseinandersetzung angelangt. Wir haben die chemischen Theorien von
ihrem Entstehen an durch ihre verschiedenen Entwicklungen hindurch verfolgt. Wir haben partielle Theorien auftreten, sich
gegen einander erheben und dann, nach beendetem Kampf,

---

[1] Vgl. die Anmerkung auf S. 129 u. 130.

einander unterstützen und einer allgemeineren Theorie sich
unterordnen sehen. Wir waren Zeugen davon, dafs der Fortschritt der Ideen den Entdeckungen auf der Ferse folgte und
nach vielem Wechsel auf die eine Grundidee hinführte, dafs
die erste Ursache der chemischen Erscheinungen in jener Verschiedenheit der Materie beruht, wonach jede elementare Substanz aus Atomen besteht, die mit einer bestimmten Kraftmenge und verschiedenen Fähigkeit, dieselbe zu äufsern, begabt
sind. Diese beiden von einander unabhängigen Eigenschaften
der Atome geben Rechenschaft von allen chemischen Erscheinungen: die erstere bestimmt ihre Intensität, die zweite ihre
Art. Die Verwandtschaft und die Atomigkeit sind also beide
Offenbarungen der Kraft, welche den Atomen innewohnt, und
die Hypothese von den Atomen bildet heute die gemeinsame
Grundlage aller unserer Theorien und die feste Basis unserer
chemischen Kenntnisse. Ihr verdanken wir eine auffallende
Vereinfachung der Gesetze von der Zusammensetzung der
Körper, einen Einblick in ihre innere Structur, eine theilweise
Erklärung ihrer Eigenschaften, ihrer Reactionen und ihrer Ver-
änderungen, und in ihr wird ohne Zweifel in späteren Tagen
der Stützpunkt für eine Molekularmechanik gefunden werden.

Es war daher eine grofse Idee, welche Dalton ausgesprochen hat, und von allen Fortschritten, welche die chemischen Theorien seit Lavoisier gemacht haben, kann man diesen
als den wichtigsten bezeichnen. Er hat die Gestalt der Wissenschaft von Grund aus verändert: denn die letzten Entwicklungen, welche aus ihnen hervorgegangen sind, haben an die
Stelle der alten Vorstellungen von der Wirkungsweise der
Verwandtschaft und vom Dualismus der Verbindungen eine
umfassendere Anschauung gesetzt, in welcher die dem System Lavoisier's zu Grunde liegenden Wirkungen der Säuren
und Basen nur als besondere Fälle erscheinen. Die herr-
schende Idee dieses Systems von der dualistischen Constitution
der Salze, die bereits vor fünfzig Jahren von bedeutenden
Köpfen angegriffen ward, ist heute nicht mehr annehmbar,
und jeder Versuch, sie aufrecht zu halten, mufs vergeblich sein.

Für den Unterricht, den diese Theorie durch ihre schöne Einfachheit sechzig Jahre lang ohne Widerspruch beherrscht hat, ist dieser Verlust wol mit Unrecht bedauert worden. Die entgegengesetzte Hypothese, welche Davy und Dulong vorgeschlagen und Laurent und Gerhardt durchgekämpft haben, umfaſst eine gröſsere Anzahl Thatsachen und giebt von ihnen eine richtige und deutliche Erklärung. Auch Lavoisier's Ruhm bleibt dadurch unverändert bestehen: denn dieser beruht auf seinen unvergeſslichen Entdeckungen, auf seiner Methode, auf den ewigen Grundsätzen, welche er über die Natur der einfachen Körper und der chemischen Verbindung ausgesprochen hat, nicht aber auf seiner Ausdrucksweise für die Constitution der Salze. Die dualistische Hypothese, durch welche er diese Constitution erklärte, und welche seine Nachfolger auf die ganze Chemie ausdehnten, hat ihre Zeit gehabt. Denjenigen, welche aus Gewohnheit oder aus Ueberzeugung dieselbe noch heute festzuhalten und mit dem groſsen Namen Lavoisier's zu schirmen suchen, möchten wir Baco's Wort zurufen: „Die Wahrheit ist das Kind der Zeit und nicht der Autorität!"

ZUSATZ

zu S. 99 u. 134.

Kolbe und die Structurformeln.

Die Betrachtungsweise, welche Kolbe 1859 ausführlich entwickelte, ordnete alle organischen Körper unter zwei Typen, den Typus Kohlensäureanhydrid $C_2 O_2 . O_2$ und den Typus Kohlensäure $2 HO . C_2 O_2 . O_2 .$ [1]) Er hielt die alten Atomgewichte (Kohlenstoff $= 6$, Sauerstoff $= 8$) aufrecht und betrachtete danach die organischen Verbindungen als Substitutionsproducte der angeführten typischen Substanzen in welchen ein oder mehrere Sauerstoffatome durch Wasserstoff oder durch Radicale vertreten sind. Durch Einführung von H in der Kohlensäure für O ($= 8$) und gleichzeitigen Austritt von HO entsteht $HO . H . C_2 O_2 O.$ Ameisensäure: durch Einführung von Methyl und gleichzeitigen Austritt von HO entsteht $HO . C_2 H_3 . C_2 O_2 O,$ Essigsäure, während die zweiatomigen und zweibasischen Säuren sich auf ganz analoge Weise aus der verdoppelten Kohlensäureformel ableiten lassen.

Durch gleichzeitige Substitution von $C_2 H_5$ und H_2 für O_3 entsteht aus der Kohlensäure unter Austritt von HO
$$HO . H_2 (C_2 H_3) C_2 O \text{ Alkohol.}$$
Vom Typus $C_2 O_2 O_2$ dagegen leiten sich unter anderem Aldehyd $\dfrac{C_2 H_3}{H} C_2 O_2$ und Aether $\dfrac{C_2 H_5}{H_2} C_2 O$ ab.

[1]) Vorher, besonders 1850, hatte Kolbe Paarungsformeln aufgestellt, für Essigsäure z. B. die Formel $(C_2 H_3) \frown C_2 O_3, HO$, welche seine Synthesen der Essigsäure, von denen er die eine 1847 gemeinsam mit Frankland ausgeführt hatte, und seine Elektrolyse derselben ihm zu beweisen schienen. Sie lehnten sich an Berzelius Formeln (S. 65) an.

Dazu, dafs diese Schreibweise den Zusammenhang der Körper unter einander weniger klar ausdrückt, als es die Formeln der Gerhardt'schen Typentheorie thaten. kommt noch der Umstand, dafs sie in dieser Form nur möglich war, so lange man die alten Atomgewichte beibehielt, dafs sie also nach correcteren Anschauungen mit halben Atomen und halben Molekülen manipulirte. Die wichtige Trennung von Atom. Molekül und Aequivalent, welche Gerhardt aufgestellt hatte. ging in ihnen verloren, bis in der letzten Zeit (1869) Kolbe dieselbe adoptirte und seine Formeln entsprechend umgestaltete. Hierbei kam jedoch der Grundgedanke, Vertretung von $O = 8$ durch H, abhanden.

Dennoch sind durch dieses System mehrere wichtige Anschauungen gefördert worden, vor Allem die Auffassung der Sulfosäuren. welche Kolbe ebenso aus der Schwefelsäure ableitete, wie er die gewöhnlichen Säuren aus der Kohlensäure entwickelte. Wie aus der Kohlensäure die Essigsäure, so geht aus der Schwefelsäure $2\,HO.(S_2\,O_4)\,O_2$ die Methylschwefelsäure $HO.C_2\,H_3.(S_2\,O_4)\,O$, so geht aus 1 Aequivalent Kohlensäure und 1 Aequivalent Schwefelsäure die Essigschwefelsäure

$$2\,HO\;(C_2\,H_2)''\,{C_2\,O_2 \atop S_2\,O_4}\,O_2$$

hervor.

Die heute geltenden Anschauungen über die Constitution der Säuren ist durch diese Schreibweise in so fern mit angeregt worden, als sie auf die Vortheile hinwies. welche aus einer Zerlegung der Formeln entspringen. Aber die Nothwendigkeit und das richtige Princip einer solchen Zerlegung folgte weit weniger aus dem eben besprochenen System, als aus der oben entwickelten Erkenntnifs von der Vieratomigkeit des Kohlenstoffs. Sie ergab sich auf schlagende Weise bei dem Studium der Milchsäure.

Im Jahre 1859 entspann sich eine wichtige Discussion darüber, ob diese Säure einbasisch sei, wie es die Kolbe'sche Formel

$$HO\;(C_4\,{H_4 \atop HO_2})\,C_2\,O_2\,O$$

auszudrücken meinte, oder zweibasisch, wie es aus der typischen
Formel

$$C_3 H, \quad \begin{matrix} H' \\ O \\ H \end{matrix} \left. \begin{matrix} O \\ O \end{matrix} \right.$$

hervorging und wie es Wurtz durch ausgedehnte Arbeiten,
besonders durch Darstellung des zweibasischen Milchsäure-
äthers vertheidigte. Wurtz erkannte, dafs die Basicität der
Säuren mit der Anzahl ihrer intraradicalen Sauerstoffatome
zusammenhänge und dafs eines der beiden typischen Wasserstoffatome der Milchsäure durch Säureradicale vertretbar sei.
Von diesen beiden typischen Atomen unterschied er deshalb
das eine als basischen Wasserstoff und nannte die Milchsäure:
„wenn nicht zweibasisch so doch zweiatomig."

Kekulé und Socoloff drückten diesen Unterschied in demselben Jahre dadurch aus, dafs sie das eine der typischen
Wasserstoffatome den alkoholischen Wasserstoff, das andere
den Säure-Wasserstoff nannten. Der alkoholische Wasserstoff
ist nach Kekulé in der Nähe von nur einem Sauerstoffatom,
der Säurewasserstoff in der Nähe von zwei Sauerstoffatomen
befindlich. Die alkoholische Natur des ersteren, seine Vertret-
barkeit durch Säureradicale, durch Natrium und durch Alkoholradicale ging aus Wurtz Arbeiten hervor.

Noch von einer anderen Seite her regte die Milchsäure
zur Aufstellung von Constitutionsformeln an. Nachdem Liebig
1847 die Fleischmilchsäure von der gewöhnlichen Milchsäure
unterschieden hatte, war 1850 von Strecker aus Aldehyd das
Alanin und aus diesem die gewöhnliche Milchsäure bereitet
worden. Von 1856 bis 1859 reichten Wurtz denkwürdige Arbeiten über Glycol und Aethylenoxyd, und der letztere Körper
veranlasste nicht nur die Aufstellung von Constitutionsformeln
für ihn selbst und das isomere Aldehyd (besonders durch Lieben),
sondern auch die Vermuthung, dafs die Fleischmilchsäure zum
Aethylen in derselben Beziehung stehen möge, wie die gewöhnliche Milchsäure zum Aethyliden. Im Jahre 1863 bewies
Wislicenus diese Ansicht durch Synthesen und gleichzeitig war

nach seiner Arbeit die verschiedene Natur des alkoholischen und des Säurewasserstoffs, die Bedeutung der Säuregruppe C O O H klar ersichtlich.

Die Formeln

$$C H_2 O H \qquad \text{und} \qquad C H_3$$
$$\mid \qquad\qquad\qquad\qquad\qquad \mid$$
$$C H_2 C O O H \qquad\qquad H O . C H . C O O H$$

Aethylenmilchsäure   Aethylidenmilchsäure.

drücken diese Unterschiede beide aus.

Vorbereitende Schritte zu dieser Erkenntnifs waren seit lange vorhanden. Der Weg, welchen Wislicenus einschlug, war im Princip derselbe, welcher 1847 Kolbe gleichzeitig mit Dumas, Malaguti und Leblanc zur Synthese der Essigsäure aus Cyanmethyl geführt hatte. Aber weder diese Entdeckung noch Kolbe's Electrolyse der Essigsäure (1849) noch Wanklyns Synthese derselben aus Natriummethyl und Kohlensäure (1859) konnte die jetzt gewonnene Einsicht vermitteln, so lange nicht an der Milchsäure und ihren Homologen der Unterschied der beiden Wasserstoffatome zum Bewusstsein gekommen war.[1])

Mittlerweile hatten wichtige Untersuchungen auch anderer Art die Lagerung der Atome im Molekül experimentell zu erforschen gelehrt. Immer war es die Isomerie, deren Erklärung derartige Untersuchungen veranlasste.

Um 1861 beschäftigte sich Kekulé mit der Fumarsäure und Maleïnsäure und fand, dafs ihre Isomerie in ihren Brom-Additionsproducten fortdauert: dafs sie mit Brom verschiedene Brombernsteinsäuren, mit Wasserstoff dagegen dieselbe Bernsteinsäure bilden. Er erklärte dieses Verhalten daraus, dafs die ungesättigten Säuren a n v e r s c h i e d e n e n S t e l l e n Lücken haben, dafs die gebromten Säuren deshalb das Brom an verschiedene (von verschiedenartigen Atomen umgebene) Kohlenstoffatome angelagert enthalten, während die Addition von

---

[1]) Auch Debus' Arbeiten über Glycolsäure (1856) und ihr Aldehyd hat auf diese Erkenntnifs wesentlichen Einflufs geübt.

Wasserstoff eine gleichartige Ausfüllung dieser Lücken zur Folge hat.

Vier Jahre später, gestützt auf die Synthese isomerer aromatischen Kohlenwasserstoffe durch Fittig und Tollens, veröffentlichte derselbe Forscher seine glänzende Theorie der aromatischen Verbindungen. Der Gegenwart angehörig, hat dieselbe in allen neueren Lehrbüchern Platz gefunden und bedarf deshalb hier keiner eingehenden Besprechung.

Durch viele Chemiker (Butlerow, Erlenmeyer u. A.) wesentlich gefördert, sind die Structurformeln zur Grundlage der meisten modernen Forschungen geworden. Pebal's und Freund's Synthese des Acetons, Schorlemmer's Untersuchungen über gesättigte Kohlenwasserstoffe, Hofmann's und Gautier's Entdeckung isomerer Cyanide, sowie des Ersteren ausgezeichnete Arbeiten über Guanidine und Senfoele, die Erklärungen vieler complicirter Naturkörper, welche wir Baeyer, die Aufschlüsse über Chinone, welche wir Gräbe, und die unerwarteten Entdeckungen aus der Chemie des Silicium's, die wir Friedel und seinen Mitarbeitern verdanken, diese und viele andere bedeutende Untersuchungen stehen alle auf derselben Basis.

Es geht weit über die Grenzen und Aufgaben dieser Darstellung hinaus, auf dieselben einzugehen.

Eine einzige Reihe von Arbeiten jedoch muß schließlich hier näher besprochen werden, weil, abgesehen von ihrer Wichtigkeit für die Entwickelung der Wissenschaft, sie den Einfluß gegenüberstehender Theorien zu vergleichen gestatten. Es sind dies die Arbeiten über isomere Alkohole, Säuren und Aether, welche besonders zwischen den Jahren 1862 und 1864 veröffentlicht worden sind. Den Anfang machte die Entdeckung von Wurtz, daß die Jodwasserstoffverbindungen höherer zweiatomiger Kohlenwasserstoffe mit feuchtem Silberoxyd nicht gewöhnliche, sondern mit den gewöhnlichen isomere Alkohole liefern. In demselben Jahre (1862) verwandelte Friedel durch Addition von Wasserstoff das Aceton $C_3 H_6 O$ in den Alkohol $C_3 H_8 O$. Die Structur des Aceton's war durch die oben erwähnte Synthese unzweifelhaft festgestellt und aus ihr liefs sich diejenige des Alkohols folgern. Friedel zog es vor die Natur desselben, bevor er sie zu erklären versuchte, experimentell nachzuweisen. Er war mit dieser Arbeit beschäftigt, als Kolbe in einer Reclamation mit Recht daran erinnerte, dafs er bereits zwei Jahre früher die Existenz isomerer Alkohole vorhergesagt und erklärt habe.

Diese Prognose war auf seine oben besprochenen Alkoholformeln:

$$\left.\begin{matrix} H \\ H \\ H \end{matrix}\right\} C_4 O . HO; \qquad \left.\begin{matrix} C_2 H_3 \\ H \\ H \end{matrix}\right\} C_4 O . HO$$

$$\text{Methylalkohol.} \qquad \text{Aethylalkohol.}$$

gegründet.

Der Acetonalkohol erschien danach als einfach methylirter Aethylalkohol oder als zweifach methylirter Methylalkohol:

$$\left.\begin{matrix} C_2 H_3 \\ C_2 H_3 \\ H \end{matrix}\right\} C_2 O . HO$$

mit neuen Atomgewichten:

$$\left.\begin{matrix} CH_3 \\ CH_3 \\ H \end{matrix}\right\} C . OH$$

Dies wurde bald durch Friedel's Untersuchung bestätigt und 1863 (und im folgenden Jahre) entdeckte in ausgezeichneten Arbeiten Butlerow verschiedene Alkohole, in welchen noch das dritte Wasserstoffatom des Methylalkohols durch Radicale ersetzt war, was Kolbe als möglich gleichfalls vorher erkannt hatte. In demselben Jahre zog Kolbe analoge Folgerungen auf die Existenz isomerer Fettsäuren, die wenig später durch Erlenmeyer's Synthese der Isobuttersäure und durch eine Reihe merkwürdiger Entdeckungen von Frankland und Duppa bekannt wurden. Die schwierige Synthese oxyäthylirter, äthylirter und methylirter Aether durch Lieben schlofs sich gleichzeitig an diese Arbeiten an (1864).

Sollte die Bedeutung von Kolbe's Prognosen oder ihr Einflufs auf die Arbeiten Anderer je verkannt worden sein, so würde die geringere Uebersichtlichkeit seiner Aequivalentfor-

meln dies nur theilweise erklären. Die hauptsächliche Schwie-
rigkeit, dieselben richtig zu würdigen, liegt vielmehr darin,
dafs die Voraussetzungen, auf welchen diese Prognosen beruhen, mit den heute geltenden Anschauungen von der Verkettung der Atome völlig übereinzustimmen scheinen. während
Kolbe doch diese Ansichten, die nicht nur „jüngere Chemiker
blenden" [1]), sondern berühmte Forscher in ihren Entdeckungen
leiten, mit unzweideutiger Energie verurtheilt.

So kommt es denn, dafs er neben isomeren Körpern,
welche bald darauf entdeckt worden sind, viele andere vor-
hersagt, welche nach den heute angenommenen Anschauungen
nicht entdeckt werden können, weil sie nicht isomer, sondern
identisch mit schon bekannten Verbindungen sind. Unter vielen
Beispielen entnehmen wir Kolbe's Vortrag über die Constitution der Kohlenwasserstoffe (1869) nur die folgenden Formeln angeblich isomerer Propylwasserstoffe:

$$\left.\begin{array}{l}(CH_2)'' \\ H_2 \\ H_2 \\ H_2\end{array}\right\} C_2 \text{ isomer mit } C \left\{\begin{array}{l}CH_3 \\ CH_3 \\ H_2\end{array}\right.$$

So lange nicht nachgewiesen ist, wie in der ersten dieser
Formeln die zwei aufserhalb der Klammer figurirenden vieratomigen Kohlenstoffatome zusammenhängen, ohne dafs diese
Formel in die zweite übergeht, müssen diese Körper als identisch gelten. Gelänge es dennoch eine Isomerie zwischen ihnen
nachzuweisen, so fiele damit die Ansicht von der Verkettung der
Atome nicht nothwendigerweise. Man würde ihre Isomerie
erklären können, entweder dadurch, dafs die Valenzen des
Kohlenstoffs statt, wie wir heute annehmen, gleichwerthig,
vielmehr ungleichwerthig sind, oder dadurch, dafs der Kohlenstoff mehr als vieratomig ist, oder endlich dadurch, dafs
die Theorie von der Verkettung der Atome keinen Boden
unter den Füfsen hat. Von diesen Hypothesen nimmt Kolbe

---

[1]) Die Constitution der Kohlenwasserstoffe von H. Kolbe. Braun-
schweig 1869.

im Voraus nur die dritte an. Er behauptet, dafs die Kohlenstoffatome nicht sämmtlich denselben „Rang" haben und unterscheidet auf dem Papier sogenannte „Stammkohlenstoffe" durch
besondere Lettern von den anderen.

So lange diese Voraussetzungen nicht erwiesen, und selbst
nicht scharf definirt sind, ist es sicher keine Unterschätzung
der Verdienste jenes grofsen Experimentator's, wenn man die
heutigen Theorien hoch hält und wenn man sie vor Allem
denjenigen Chemikern dankt, welche durch ihre Arbeiten die
Typentheorie geschaffen, gestützt und allmählich in die Lehre
von der Atomigkeit, der Valenz und Verkettung der Atome,
übergeführt haben.

Auch diese fruchtbare Lehre erhebt keinen Anspruch auf
unwandelbare Fortdauer. Die Chemie strebt mehr und mehr
danach, sich auf physikalischer Grundlage neu zu erbauen und
nicht ohne Aussicht auf Erfolg lehnen sich schon heute Versuche dazu an die atomistische Theorie in ihrer jetzigen
Form an.

Mit unzweifelhaftem Rechte behauptet darum Kolbe
(a. a. O.) dafs die von ihm verworfenen Theorien nur „eine
ephemere Existenz" haben werden. Aber das ist das Schick-
sal jeder Theorie, welche ihnen vorausgegangen und vermuth-
lich auch jeder Theorie, welche ihnen folgen wird. Wäre es
anders, so würden wir schon heute die Wahrheit völlig besitzen,
oder aufhören müssen, sie zu erstreben.

(A. O.)

A. W. Schade's Buchdruckerei (L. Schade) in Berlin, Stallschreiberstr. 47.

INHALT.

Berichtigungen.

Pg.	Zeile		statt	lies
17	Zeile 1		statt Sulfid	lies Sulfit.
„ 57	„ 13 v. u.	„	kann	„ kannte.
„ 65	„ 1 u. 2 v. u.	„	$+O$	„ $+OH$.
„ 100	„ 17	„	Carbonyloxyd	„ Carboxyloxyd.
„ 109	„ 12 v. u.	„	Säuren	„ Säure.
„ 130	„ Anmerkung	„	Ba	„ Ba

$$\overset{\text{Ba}}{\underset{O-O}{|}} \qquad \overset{\text{Ba}}{\underset{O-O}{\diagup\diagdown}}$$